과학자들이 들려주는 과학 이야기

매뉴얼북 1
MANUAL BOOK

초판 1쇄 발행일 | 2007년 9월 27일
초판 5쇄 발행일 | 2010년 6월 21일

지은이 | 이강춘 외
펴낸이 | 강병철
펴낸곳 | (주)자음과모음

편집외주 | 김은희 · 이태정 · 이현구 · 장진영
디자인 | 이희승

출판등록 | 2001년 5월 8일 제20-222호
주소 | 121-753 서울시 마포구 동교동 165-1 미래프라자빌딩 7층
전화 | 편집부(02)324-2347, 총무부(02)325-6047
팩스 | 편집부(02)324-2348, 총무부(02)2648-1311
e-mail | jamoplan@gmail.com
Home page | www.jamo21.net

ISBN 978-89-544-1767-9 (04400)
      978-89-544-1766-2 (set)

값 15,000원

과학자들이 들려주는 과학 이야기

매뉴얼북 ❶
MANUAL BOOK

이강춘 외 지음

|주|자음과모음

과학의 발전 없이는 미래도 없다.

과학을 하면 논리적인 사고가 발달하고 창의력 향상에도 도움이 된다.

우리의 교육에서 가장 큰 문제점이 통합적인 사고 능력을 기르는 것이라고 할 수 있다. 이과라고 하여 수학과 과학만 잘하면 된다는 생각은 버려야 한다.

과학만 잘해서는 사회에서 성공하는 경우가 드문 우리의 현실에서 우수한 인재가 되려면 과학적 사고를 바탕으로 한 통합적인 사고 능력을 가질 수 있어야 한다.

이러한 문제점을 해결하려면 과학 이론과 배경 지식을 바탕으로 하고 정의적 영역도 함께 연계하여 포괄적인 통합 교육으로서의 과학 학습을 할 수 있어야 한다.

이에 〈과학자들이 들려주는 과학 이야기〉는 과학과 수학의 이론을 과학자의 생활과 함께 풀어간다는 점에서 폭넓은 접근을 할 수 있고, 7차 교육과정에서 강조되는 형식지를 암묵지로 바꿀 수 있는 기회를 마련해 준다.

여기서는 100명의 과학자를 통하여 자연스럽게 과학의 세계에 접근하고 이론적인 바탕을 터득할 수 있는 활용법을 학년별, 지도자별, 과목별로 소개하고 있다.

1. 학년별 · 과목별 활용법

평소에 이론적인 바탕이나 근거도 모르고 암기식 학습에만 매달 있었다면 과학과 수학 학습에서 완전 정복의 초석을 마련하기 어렵다.

이에 〈과학자들이 들려주는 과학 이야기〉를 활용할 수 있는 매뉴얼북을 통하여 효과적으로 학습할 수 있도록 하였다.

수학과 과학의 원리와 개념들을 유명한 과학자가 이야기 형식으로 강의하는 형태로 서술되어 있는 〈과학자들이 들려주는 과학이야기〉는 100권의 책을 통하여 과학과 수학이론의 이해를 위한 배경 지식이 되고 과학적 사고력과 창의성 발달을 위한 학습에 많은 도움이 될 것이다.

1) 초등학생의 활용법

과학 교과의 활용법

초등학교 과학과 교육과정에서는 아래와 같은 총괄 목표와 4개의 하위 목표를 제시하고 있다.

〈총괄 목표〉

자연현상과 사물에 대하여 흥미와 호기심을 가지고, 과학의 지식 체계를 이해하며, 탐구 방법을 습득하여 올바른 자연관을 가진다.

〈하위 목표〉

① 자연의 탐구를 통하여 과학의 기본 개념을 이해하고, 실생활에 이를 적용한다.

② 자연을 과학적으로 탐구하는 능력을 기르고, 실생활에 이를 활용한다.

③ 자연현상과 과학 학습에 흥미와 호기심을 가지고, 실생활의 문제를 과학적으로 해결하려는 태도를 기른다.

④ 과학이 기술의 발달과 사회의 발전에 미치는 영향을 바르게 인식한다.

위에서와 같이 과학의 지식 체계 이해와 탐구 방법을 습득하는 데 있으므로 다음과 같은 방법으로 활용하면 좋을 것이다.

① 이 책을 강의 형식으로 이루어져 어려운 이론을 초등학생의 수준에 맞춰 쉽고 재미있게 설명하여 충분히 이해, 습득할 수 있도록 구성되었다.

② 매뉴얼북의 과학적 · 수학적 개념이나 용어를 읽어 보고 탐독하면 더욱 쉽게 이론적인 내용을 이해하는 데 도움이 될 것이다.

특히 과학자들의 노력하는 모습을 통하여 현재 과학영재의 교육 방향에서 신장하고자 하는 능력과 태도, 활동 내용 등을 이해하는 데 중요한 역할을 할 것이라고 본다.

③ 책을 읽을 때 다음 중 한 가지라도 목표를 설정하고 읽으면 더욱 좋은 효과를 발휘할 수 있을 것이다.

• 책의 내용을 과학적인 상식으로 접근하면서 읽는다.

• 친구들과 내용을 가지고 토의 · 토론할 수 있는 내용을 찾으면서 읽는다.

- 본인이 라디오나 TV 뉴스 진행자라는 생각으로 어떻게 책의 내용을 전달할 것인지 생각하면서 읽는다.
- 읽고 난 후 독서 감상문을 쓴다.

9

독서 감상문을 쓰는 방법

독서 감상문의 기본 양식은 제목, 처음(머리말), 가운데(감상평), 끝(정리)의 기본 형식을 갖는다. 기본 양식을 바탕으로 독서 감상문 쓰는 방법을 알아보면 다음과 같다.

① 제목

읽은 책의 제목을 그대로 쓰거나 책에서 받은 느낌을 짧고 재미있게 정하여 쓴다. 그리고 소제목(부제)을 붙이기도 한다.

② 처음(머리말)

머리말을 쓰는 방법은 대개 3가지 정도로 나눌 수 있다.

첫째, 책을 읽게 된 동기. 어떤 이유로 책을 접하게 되었는지를 쓴다.

둘째, 책을 읽으며 가장 감동받은 부분을 쓴다. 특히 강한 인상을 받은 곳 중 하나를 골라 쓴다.

셋째, 책의 지은이나 주인공을 소개한다. 일반적으로 알려진 사실이나 이에 대한 자신의 생각을 쓴다.

③ 가운데(감상평)

이곳에서 자신이 생각하고 느낀 것을 집중적으로 글을 쓴다. 글을 쓰는 방법은 다음과 같다.

첫째, 자신의 경험과 책의 내용을 비교하며 쓰는 것이다. 평소 나의 생활과 책 속 인물의 행동을 비교하며 반성, 분노, 의아함 등의 느낌을 적는다.

과학자들이 들려주는 과학 이야기

둘째, 주인공 혹은 등장인물의 행동에 대한 자신의 생각을 쓴다. 책
　　속 인물의 이런 행동은 본받을 만하다, 해선 안 된다, 이렇게 했
　　으면 어땠을까, 등으로 쓴다.
셋째, 감동받은 장면과 그 이유를 쓴다. 장면을 그대로 옮기거나 줄여
　　쓴 후, 무엇 때문에 혹은 누군가의 행동 때문에 감동을 받았다
　　는 방식으로 쓴다.
　이 세 가지 방법으로 글을 쓰기 전, 책의 전체적인 줄거리를 요약해
쓰는 것도 좋다.

④ 끝(정리)

　이 부분을 끝으로 독서 감상문은 마무리가 되는데 책을 읽은 후 얻은
교훈이나 자신의 결심을 쓰면 된다.

　그런데 독서 감상문을 쓸 때 다음과 같은 점에 주의하여야 한다.

① 주제에서 벗어나면 안 된다

　주제에서 벗어나면 글은 목표를 잃는다. 독서 감상문의 주제라면 '책
을 읽은 후의 느낌'이라고 할 수 있다. 책에 대한 자신의 생각과 책 내용
과의 비교를 제외하고 책에 나오지 않은, 책과 상관없는 내용은 주제에
서 벗어난 것이라 할 수 있다.

② 글이 책의 내용이나 비평에 편중되지 않도록 한다

　독서 감상문은 어디까지나 감상문이다. 책의 내용이나 비평에 치중하
면 같은 독후감 계열인 기록문이나 평론문이 되어 버린다.

즉, 주제에서 벗어나게 쓰지 않도록 해야 한다는 것이다.

100권의 과학자 이야기 중에서 수학과 관련된 부분도 통합적인 측면에서 접근한 다음, 총괄 목표와 하위 목표를 나누면 읽는 목적이 뚜렷해져 더욱 이해하기 쉬워질 것이다.

〈총괄 목표〉

수학의 기본적인 지식과 기능을 습득하고, 수학적으로 사고하는 능력을 길러, 실생활의 여러 가지 문제를 합리적으로 해결할 수 있는 능력과 태도를 기른다.

〈하위 목표〉

① 여러 가지 생활 현상을 수학적으로 고찰하는 경험을 통하여 수학의 기초적인 개념, 원리, 법칙과 이들 사이의 관계를 이해할 수 있다.
② 수학적 지식과 기능을 활용하여 생활 주변에서 일어나는 여러 가지 문제를 수학적으로 관찰, 분석, 조직, 사고하여 해결할 수 있다.
③ 수학에 대한 흥미와 관심을 지속적으로 가지고, 수학적 지식과 기능을 활용하여 여러 가지 문제를 합리적으로 해결하는 태도를 기른다.

수학 관련 분야도 과학과 마찬가지 방법으로 활용하면 좋은 성과를 얻을 수 있다.

2) 중·고등학생의 활용법

과학 교과의 활용법

중·고등학교에서도 초등학교와 같이 과학과 교육 목표는 아래와 같은 총괄 목표와 4개의 하위 목표를 제시하고 있다.

〈총괄 목표〉

자연 현상과 사물에 대하여 흥미와 호기심을 가지고, 과학의 지식 체계를 이해하며, 탐구 방법을 습득하여 올바른 자연관을 가진다.

〈하위 목표〉

① 자연의 탐구를 통하여 과학의 기본 개념을 이해하고, 실생활에 이를 적용한다.

② 자연을 과학적으로 탐구하는 능력을 기르고, 실생활에 이를 활용한다.

③ 자연 현상과 과학 학습에 흥미와 호기심을 가지고, 실생활의 문제를 과학적으로 해결하려는 태도를 기른다.

④ 과학이 기술의 발달과 사회의 발전에 미치는 영향을 바르게 인식한다.

위에서와 같이 중·고등학교에서도 과학의 지식 체계 이해와 탐구 방법을 습득하는 데 있지만 내용이 깊어져 있으므로 교과서와 관련된 도서들을 파악하여 선택적인 독서 활동을 하도록 한다.

이 책은 강의 형식으로 이루어져 어려운 이론을 쉽고 재미있게 습득할 수 있도록 구성되어 있다. 매뉴얼북의 교육 과정 분석 내용을 가지고 책을 선택한 후 100권의 과학 이야기를 탐독하면 과학 학습의 배경 지식에 많은 도움이 될 것이다.

특히 초등학생들과 마찬가지로 과학자들의 노력하는 모습을 통하여 과학하는 방법과 사고하는 과정을 알게 되고, 통합적인 사고 능력을 신장시켜 고등학교 입시와 대학 수능을 준비하는 데 도움이 될 것이다.

중·고등학교의 과학 논술에서 과학 원리와 실생활을 연결하여 묻는 경우가 많으므로 책을 읽을 때 다음 중 한 가지를 선택하여 목표를 설정하고 읽으면 더욱 좋은 효과를 발휘할 수 있을 것이다.

① 책의 핵심 개념과 내용으로 논술 문제를 내고, 문제 해결에 접근하면서 읽는다.
② 친구들과 책의 핵심 개념을 가지고 독서 토론을 할 수 있는 내용을 생각하며 읽는다.
③ 친구들에게 책의 내용을 어떻게 전달할 것인지 발표 내용을 준비하고 요약하면서 읽고, 될 수 있으면 발표할 기회를 갖도록 한다.

과학 교과의 활용법

초등학교와 같이 100권의 과학자 이야기 중에서 수학과 관련된 부분도 다음과 같은 수학과의 총괄 목표와 하위 목표를 가지고 있다는 것을 알고 접근할 필요가 있다.

　수학의 기본적인 지식을 습득하고, 수학적으로 사고하는 능력을 길러, 실생활의 여러 가지 문제를 합리적으로 해결할 수 있는 능력과 태도를 기른다.

〈하위 목표〉

① 여러 가지 생활 현상을 수학적으로 고찰하는 경험을 통하여 수학의 기초적인 개념, 원리, 법칙과 이들 사이의 관계를 이해할 수 있다.
② 수학적 지식과 기능을 활용하여 생활 주변에서 일어나는 여러 가지 문제를 수학적으로 관찰, 분석, 조직, 사고하여 해결할 수 있다.
③ 수학에 대한 흥미와 관심을 지속적으로 가지고, 수학적 지식을 활용하여 여러 가지 문제를 합리적으로 해결하는 태도를 기른다.

　수학과 과학 관련 분야 모두 문제 해결 능력을 기르기 위해서는 독서와 논술 교육이 매우 중요한 위치를 차지한다. 따라서 100권의 책 중에서 교과 관련 도서를 선정하여 독서와 논술을 병행하여 독서를 하는데 중점을 두면 좋은 활용이 될 것이다.

2. 지도자별 활용 방안

1) 교사와 독서 지도사(학원 강사)의 활용 방안

매뉴얼북의 각 권별 구성 내용을 살펴보면 다음과 같다.
① 책에서 배우는 과학 개념
② 교육과정과의 연계
③ 책 소개
④ 이 책의 장점(내용과 교육과정과의 연계성)
⑤ 각 차시별 소개되는 과학적 개념
⑥ 이 책이 도움을 주는 교육과정 관련 교과서 단원과 관련 개념 및 용어 정리

우선 매뉴얼북을 통하여 《과학자들이 들려주는 과학 이야기》책 100권의 전체적인 내용을 살펴보고 교육과정 내용 체계표를 바탕으로 각 학년과 교과에 맞는 도서를 선택하여 읽도록 하거나 학생의 수만큼 책을 선택하여 1차, 2차로 나누어 윤독을 실행하고 독서 논술 지도를 하도록 한다.

〈초3 ~ 중등 과학까지의 교과서 내용 체계표〉

분야	학년	3	4	5
지식탐구	에너지	· 자석놀이 · 소리내기 · 그림자놀이 · 온도 재기	· 수평 잡기 · 용수철 늘이기 · 열의 이동 · 전구에 불 켜기	· 물체의 속력 · 거울과 렌즈 · 전기회로 꾸미기 · 에너지
	물질	· 주위의 물질 알아보기 · 여러 가지 고체의 성질 알아보기 · 물에 가루 물질 녹이기 · 고체 혼합물 분리하기	· 여러 가지 액체의 성질 알아보기 · 혼합물 분리하기 · 열에 의한 물체의 온도와 부피 변화 · 모습을 바꾸는 물	· 용액 만들기 · 결정 만들기 · 용액의 성질 알아보기 · 용액의 변화
	생명	· 초파리의 한살이 · 어항에 생물 기르기 · 여러 가지 잎 조사하기 · 식물의 줄기 관찰하기	· 강낭콩 기르기 · 식물의 뿌리 · 여러 가지 동물의 생김새 · 동물의 생활 관찰하기	· 꽃과 열매 · 식물의 잎이 하는 일 · 작은 생물 관찰하기 · 환경과 생물
	지구	· 여러 가지 돌과 흙 · 운반되는 흙 · 둥근 지구, 둥근 달 · 맑은 날, 흐린 날	· 별자리 찾기 · 강과 바다 · 지층을 찾아서 · 화석을 찾아서	· 날씨 변화 · 물의 여행 · 화산과 암석 · 태양의 가족
탐구	탐구과정	관찰, 분류, 측정, 예상, 추리 등	○○○	
		문제 인식, 가설 설정, 변인 통제, 자료 변환, 자료 해석, 결론 도출, 일반화 등	○	
	탐구활동	토의, 실험, 조사, 견학, 과제 연구 등	○○○	

분야 \ 학년			6	7
지 식 탐 구		에너지	· 물속에서의 무게와 압력 · 편리한 도구 · 전자석	· 빛 · 힘 · 파동
		물 질	· 기체의 성질 · 여러 가지 기체 · 촛불	· 물체의 세 가지 상태 · 분자의 운동 · 상태 변화와 에너지
		생 명	· 우리몸의 생김새 · 주변의 생물 · 쾌적한 환경	· 생물의 구성 · 소화와 순환 · 호흡과 배설
		지 구	· 계절의 변화 · 일기 예보 · 흔들리는 땅	· 지구의 구조 · 지각의 물질 · 해수의 성분과 운동
탐 구	탐구 과정	관찰, 분류, 측정, 예상, 추리 등	○○○	
		문제 인식, 가설 설정, 변인 통제, 자료 변환, 자료 해석, 결론 도출, 일반화 등	○○○	
	탐구 활동	토의, 실험, 조사, 견학, 과제 연구 등	○○○	

분야 \ 학년			8	9	10	
지 식		에너지	· 여러 가지 운동 · 전기	· 일과 에너지 · 전류의 작용	· 에너지	· 탐구 · 환경
		물 질	· 물질의 특성 · 혼합물의 분리	· 물질의 구성 · 물질 변화에서의 규칙성	· 물질	
		생 명	· 식물의 구조와 기능 · 자극과 반응	· 생식과 발생 · 유전과 진화	· 생명	
		지 구	· 지구와 별 · 지구의 역사와 지각 변동	· 물의 순환과 날씨 변화 · 태양계의 운동	· 지구	
탐 구	탐구 과정	관찰, 분류, 측정, 예상, 추리 등	○○○			
		문제 인식, 가설 설정, 변인 통제, 자료 변환, 자료 해석, 결론 도출, 일반화 등	○○○			
	탐구 활동	토의, 실험, 조사, 견학, 과제 연구 등	○○○			

위의 내용 체계를 분석하여 보면

① 초등학교 3학년부터 고등학교 1학년까지는 '국민공통기본 교육과정'으로, 내용 구성을 저학년(3~5학년), 중학년(6~7학년), 고학년(8~10학년)의 3단계로 구분하여, 학교 급간, 학년 간 학습 내용이 중복되거나 수준 격차가 없도록 하고, 연계성이 유지되도록 조정하였다.

② 내용은 지식 영역을 에너지, 물질, 생명, 지구 영역으로 구분하고, 탐구를 탐구 과정과 탐구 활동으로 구성하였다.

③ 학년별 학습 내용은 저학년 16개 주제, 중학년 12개 주제, 고학년 8개 주제(10학년은 6개)로 하여, 현상 중심의 탐구 활동으로부터 기본 개념 중심의 탐구 학습을 하도록 하였다.

④ 내용 진술은 개념과 탐구 과정을 포함하는 학생 중심의 문장으로 진술하였다.

⑤ 학생 발단 단계에 적합하도록 저학년에서 고학년으로 갈수록 '다수의 작은 주제 학습'에서 '소수의 큰 영역 학습'으로, '현상 중심의 기초 탐구 과정 학습'에서 '개념 중심의 통합 탐구 과정 학습'이 이루어지도록 배열하였다.

⑥ '심화 · 보충형 수준별 교육과정'으로 구성하여, 학생의 능력에 따라 자기 주도적 개별화 학습이 가능하도록 각 영역마다 기본 과정과 심화 보충 학습 내용을 제시하였다.

⑦ 고등학교 2~3학년은 '선택 중심 교육과정'으로 구성하여, 일반 선택 과목으로 '생활과 과학'을, 심화 선택 과목으로 '물리Ⅰ' '화학

Ⅰ' '생물 Ⅰ' '지구과학 Ⅰ' '물리 Ⅱ' '화학 Ⅱ' '생물 Ⅱ' '지구과학 Ⅱ'를 선택 이수할 수 있도록 하되, Ⅰ과 Ⅱ는 위계성이 있도록 하고, Ⅱ는 반드시 해당 과목의 Ⅰ을 이수할 수 있도록 하였다.

위의 내용 체계를 바탕으로 교과 관련하여 책을 선택하고 아래의 방법 중 한 가지를 선택하여 읽어 나가도록 한다.
① 책의 핵심 개념과 내용으로 논술 문제를 내고 문제 해결에 접근하면서 읽도록 안내한다.
② 반의 학생들을 팀별로 나누어 같은 책을 읽고 책의 핵심 개념을 가지고 토의 토론할 수 있는 내용을 정하여 생각하며 읽도록 한다.
③ 학생들이 책의 내용을 어떻게 전달할 것인지 발표 내용을 준비하고 요약하면서 읽고 될 수 있으면 발표할 기회를 갖도록 한다.
④ 독서 교수 학습안을 마련하여 지도하면 과학과 수학 학습에 많은 도움이 될 것이다.

《과학자들이 들려주는 과학 이야기》 읽기의 교수 · 학습 과정안

100권의 책을 한꺼번에 다 읽히고 지도할 수는 없다. 특히 과학 논술과 연계하여 지도하는 것도 좋지만 그룹으로 나누어 글을 읽고 난 후에 토의 · 토론식으로 학습하도록 지도하는 것이 좋다. 토의 · 토론 학습은 학생들의 적극적 사고, 능동적 참여를 가능하게 함으로써 독서 후 학습 효과를 높일 수 있다.

대개 글을 읽고 난 후 내용 질문과 교과와 연계된 질문으로 학습 효과를 가져올 수 도 있지만 《과학자들이 들려주는 과학 이야기》를 각 책에 따라 읽고 난 후의 지도 활동을 위한 교수 · 학습 과정안을 예시하면 다음과 같다.

'과학자들이 들려주는 과학 이야기' 읽기의 교수 · 학습 과정안 예시

학습모형	토의토론식	학습 목표	책을 읽고 주제를 정하여 토의 토론을 할 수 있다.			
제목	독서 후 토의 토론					

단계	학습과정	교수 − 학습 활동		시간	유의점 및 준비물
		교사	학생		
도입 독서 전	동기 유발 및 학습 준비 확인	·《과학자들이 들려주는 과학 이야기》의 한 권씩을 선택하여 팀별로 같은 책을 읽고 토의토론을 해보도록 한다. · 매뉴얼북의 개요를 읽어 보도록 한다.	· 책을 읽으며 주제에 맞게 요약하고 주제의 토의 토론에 맞도록 내용을 정리 요약하고 준비한다. · 매뉴얼북의 용어 해설을 읽고 익힌 후 독서한다.	5분	· 사전에 매뉴얼북을 읽고 토의 토론 주제를 정하고 독서를 시작한다.
전개 독서 중 · 독서 후	토의 주제 확인 하기	· 작품을 읽고 느낀 점과 관련된 내용을 간단히 표현해 보게 한다. · 토의 주제를 확인시킨다.	· 작품 내용, 줄거리를 말하거나 다양한 방법으로 발표한다. · 가장 인상적이었던 내용을 느낌과 함께 표현한다. · 사회자의 주관 하에 주제에 맞는 토의와 토론을 하도록 한다.	30분	· 내용파악이 끝나면 팀별로 정한 주제를 가지고 토의하도록 한다. 과학자와 책내용과 주제와의 연계가 되도록 한다. · 과학자의 접근 방법과 다른 방법은 없는지 생각해보도록 한다.
	과학자 이야기로 역할극 하기 및 과학자와의 문답	· 과학자의 이론에 대한 비판과 접근 방법에 대하여 역할극을 해보도록 한다. · 읽은 책의 과학자에게 묻고 싶은 문제들을 현실적인 문제와 연결 지어 제기해 보도록 한다.	· 함께 의논하여 공동으로 작품을 쓰고 자신감 있게 표현한다. · 과학자와 학생들과의 대화시간 등 다양하게 배경을 설정하여 질의, 응답하며 문제를 해결해가는 모습을 표현한다.		
정리	정리 및 평가	· 팀별로 토의 토론과 역할극 학습 과정에서 창의적인 생각을 갖도록 한다. · 과학에 친근감을 갖도록 한다. · 팀별 발표 시 평가하고, 보완해 준다.	· 팀별 발표시 모든 학생이 발표에 참여 할 수 있도록 한다. · 이해력과 비판력을 갖고 팀별 발표를 평가한다. · 자기의 느낌과 반성 및 앞으로의 생각을 말한다.	15분	· 창의적이고 종합적으로 자기주장을 표현하도록 한다.

학생들은 위의 교수−학습안과 같이 토의 · 토론을 할 수도 있고 논술식 독서 감상문을 쓰고 발표할 수도 있다. 여기서는 독서 토론을 통한 논술쓰기에 대하여 알아보자.

독서 토론을 통한 논술쓰기 지도 예시

			비　고
쓰기 전	준비하기	· 책 소개와 토론 주제 정하기	
	생각 꺼내기	· 주제 파악하기 · 관련 자료 검색과 요약 발표 및 독서 토론하기	
	생각 묶기	· 독서 논술의 개요 작성하기	
쓰는 중	초고 쓰기	· 1차 독서 논술하기	
	다듬기	· 1차 논술한 것 윤독하기 · 2차 독서 논술하기	
쓴 후	평가하기	· 독서 논술 평가하기	
	작품화하기	· 독서 논술 발표하기	

독서 토론을 통한 쓰기 지도는 쓰기의 과정과 결과를 모두 강조하였는데 글쓰기 능력은 교사와 학습자 간, 학생들 간의 상호 작용적인 대화 과정과 문제 해결 과정의 각 단계별로 필요한 글쓰기를 학습하여 향상될 수 있으며 독서 토론을 통한 쓰기 지도는 위의 예시에서 보듯이 3단계의 과정이 필요하다.

학생들은 독서 토론을 위한 쓰기 내용 구성과 생각 묶기 및 초고 쓰기 과정을 통해서 교사와 협의를 하기도 하며, 자신이 쓴 작품을 다른 학생들과 공유를 통해 피드백을 받아 자신의 작품을 반성적 시각에서 바라볼 수 있는 기회를 갖게도 된다.

마지막으로 과학·수학 영재 교육에 연계되도록 활용한다.

① 7,8차 교육과정 연계와 9단계의 수준별 교육과정과 학교 수행 평

가와 영재 선발 대비가 되도록 한다.

② 교육과정과 생활 과학 프로그램 연계를 통한 토론식 수업과 논술에 대비한 과학 영재 선발 교육과 연계가 되도록 한다.

③ 기초과학, 논리적 사고력 향상을 위한 연계 교육을 통하여 과학 수학 영재 선발과 입시에 능동적으로 대비하도록 한다.

④ 교과와 관련된 탐구 원리 적용에서 용어의 이해까지 교과서 관련 내용의 이해와 정리가 될 수 있도록 한다.

2) 학부모의 활용 방안

우선 자녀가 이 책에 호기심과 관심을 가지도록 할 수 있다.

매뉴얼북의 각 권별 구성 내용을 살펴보며 교육과정 내용 체계에 맞는 책을 골라서 읽도록 안내한다.

〈매뉴얼북의 구성 내용〉

① 책에서 배우는 과학 개념

② 교육과정과의 연계

③ 책 소개

④ 이 책의 장점(내용과 교육과정과의 연계성)

⑤ 각 차시별 소개되는 과학적 개념

⑥ 교육과정 관련 교과서 단원과 관련 내용 정리

우선 매뉴얼북을 통하여 《과학자들이 들려주는 과학 이야기》 책 100권의 전체적인 내용을 살펴보고 아래의 교육과정 내용 체계표와의 연계성을 참고하여 각 학년과 교과에 맞는 도서를 선택하여 읽도록 한다.

책이 선택되면 아래의 방법 중 한 가지를 선택하거나 스스로 읽는 목표와 목적을 설정하여 읽도록 한다.

① 가족들과 함께 읽고 난 후 이야기할 주제를 정하고 다시 읽으면 좋을 것이다.

② 책의 핵심 개념과 내용으로 독서 논술 문제를 내고 문제 해결에 접근하면서 읽는다.

③ 친구들과 책의 핵심 개념을 가지고 토론할 수 있는 내용을 생각하며 읽는다.

④ 친구들에게 책의 내용을 어떻게 전달할 것인지 요약하면서 읽고, 될 수 있으면 발표할 기회를 갖도록 한다.

⑤ 라디오나 TV 뉴스 진행자가 되어 책의 내용을 어떻게 전달할 것인지 생각하고 요약하면서 읽게 한다.

앞에서 언급하였듯이 과학을 알면 논리력을 갖추어 금융 전문가나 변리사 등도 가능하며 통합적인 사고 능력을 기르는 데 초석이 되어 논술에 대한 충분한 대비가 될 수 있다. 논술에서도 100권의 과학자 이야기처럼 알기 쉬운 과학 이야기를 예로 들어 주제에 맞추어 접근하면 훌륭한 독서 논술이 될 것이다.

아인슈타인이 들려주는
상대성원리 이야기

책에서 배우는 과학 개념

상대성원리와 관련되는 개념 및 용어들

교육과정과의 연계

구분	과목명	학년	단원	연계되는 개념 및 원리
초등학교	과학	5학년 1학기	4. 물체의 속력	속력, 빠르기
		5학년 2학기	8. 에너지운동	에너지
중학교	과학	1학년	7. 힘	중력
고등학교	과학	1학년	2. 에너지	힘과 에너지
	물리 I	2학년	1. 힘과 에너지	속도, 가속도, 운동법칙
	물리 II	3학년	1. 운동과 에너지	속도

책 소개

《아인슈타인이 들려주는 상대성원리 이야기》는 학생들에게 어렵게 느껴질 수 있는 상대성원리를 일상생활 속의 간단한 실험을 통해 알려 주고 있습니다. 상대성이론은 어렵습니다. 하지만 예전보다 블랙홀, 웜홀 등 상대성이론에 등장하는 단어에 친숙해져 이해하기에 한결 수월해졌습니다. 이 책은 아이슈타인의 강의를 통해 쉽고, 재미있게 구성하였습니다.

이 책의 장점

1. 초등학생들에게는 존경받는 천재 과학자 아인슈타인과의 만남으로 과학에 대한 꿈을 키워주고 사고력 개발에 도움을 줄 것입니다. 중고생들에게는 뉴턴에 이어 물리 법칙을 총정리하고 짧은 시간에 실력을 다지는 기회가 될 것입니다.
2. 어려운 우주 물리학을 강의 형식을 통해 쉽게 이해하고, 습득할 수 있도록 구성하였습니다.
3. 초등학교 5학년 과학과 교육과정에 있는 물체의 속력과 에너지, 중·고등학교에서 배우는 힘과 운동, 에너지와 연계하여 학습할 수 있습니다.

각 차시별 소개되는 과학적 개념

1. 첫 번째 수업 _ 속력

- 속력은 물체가 얼마나 빠른가를 나타내는 것입니다.
- 같은 거리를 움직일 때는 시간이 적게 걸릴수록 속력이 큽니다.

2. 두 번째 수업 _ 빛의 속력

- 빛의 속력은 변하지 않습니다.
- 예를 들어 움직이는 차에서 나오는 전조등의 빛은 움직일 때와 멈출 때의 속력이 같습니다.

3. 세 번째 수업 _ 타임머신의 원리

- 미래로 가는 타임머신의 원리는 움직이는 사람의 시간이 정지해 있는 사람의 시간보다 더 천천히 흐른다는 데 있습니다.

4. 네 번째 수업 _ 줄어드는 거리

- 두 지점 사이의 거리는 정지한 관찰자에 비해 움직이는 관찰자에게 더 짧게 보입니다. 물론 이런 현상을 느끼려면 거의 빛의 속력으로 움직여야 합니다.

5. 다섯 번째 수업 _ 물체의 운동에너지 $E=M \times C^2$

- 질량이 클수록 관성이 커서 운동 상태가 잘 변하지 않습니다.
- 속력이 커질수록 관성과 질량이 커집니다.
- 이 이론에 기초해 물체의 운동에너지 $E=M \times C^2$라는 유명한 공식이 탄생합니다.

6. 여섯 번째 수업 _ 우주는 4차원의 시공간

- 1차원은 점, 2차원은 선, 3차원은 면, 4차원은 입체입니다.

- 우주는 4차원의 시공간이며, 경계면이 없는 신비의 세상입니다.

7. 일곱 번째 수업 _ 가속도와 중력은 같은 역할

- 엘리베이터를 타면 몸이 무거워지기도 하고, 가벼워지기도 합니다.
- 가속도는 중력을 만들어 주기도 하고 빼앗아 가기도 합니다.
- 가속도와 중력은 같은 역할을 합니다.

8. 여덟 번째 수업 _ 빛을 휘어놓는 중력

- 중력이 큰 곳에서는 빛이 휘어집니다.
- 중력이 큰 곳에서는 시간이 천천히 흐릅니다.

9. 아홉 번째 수업 _ 모든 것을 흡수하는 블랙홀

- 블랙홀은 중력이 아주 큰 천체입니다.
- 블랙홀은 진공청소기 같이 모든 것을 자기 속으로 빨아들이는 무서운 천체입니다.
- 하지만 지구는 블랙홀로부터 멀리 떨어져 있으므로 안전합니다.

이 책이 도움을 주는 관련 교과서 단원

아인슈타인의 상대성원리 이야기와 관련되는 교과서에 등장하는 용어와 개념들입니다.

1. 초등학교 5학년 1학기 - 4. 물체의 속력

- 이 단원의 목표는 여러 가지 물체의 운동을 관찰하여 속력을 비교

하고, 이동 거리와 시간을 측정하여 구한 속력을 여러 가지 방법으로 나타내는 것입니다.

내용 정리

- 물체가 움직인다는 것은 기준과 비교했을 때 물체의 위치가 변한다는 것을 뜻합니다.
- 물체의 빠르기는 관찰자에 따라 상대적으로 다르게 보입니다.
- 빠르기는 일정한 거리를 이동하는 데 걸린 시간을 재면 쉽게 알 수 있습니다. 걸린 시간이 짧을수록 빠른 물체입니다. 또 일정한 시간 동안 이동한 거리가 길수록 빠른 물체입니다.
- 속력의 단위는 일반적으로 km/h, m/s 등을 사용합니다.
- 이동 시간에 따른 이동 거리의 그래프에서 직선의 기울기는 속력을 나타냅니다.

2. 초등학교 5학년 2학기 – 8. 에너지

이 단원의 목표는 에너지에 대한 개념을 익히고, 여러 에너지가 서로 전환되며, 물체를 움직일 수 있다는 것을 이해하는 것입니다.

내용 정리

- 에너지가 하는 일들
  - 움직이게 하고. 빛을 내고, 온도를 변하게 합니다. 또한 소리를 내고, 물체를 변형시킵니다.

- 사람에게 필요한 에너지를 얻을 수 있는 자원을 에너지 자원이라고 합니다.
- 바람, 열, 높은 곳에 있는 물체, 전기 등 에너지를 가지고 있으면 다른 물체를 움직이게 하거나, 열이 나게 하거나 소리 또는 빛을 내게 할 수 있습니다.
- 운동에너지로 쉽게 변하는 에너지로는 화석에너지, 다른 물체의 운동에너지, 전기에너지, 빛에너지 등이 있습니다.

3. 중학교 1학년 – 7. 힘

• 이 단원의 목표는 우리 주변에서 경험할 수 있는 힘에는 어떤 것들이 있고, 힘을 어떻게 측정하며 나타내는지 알아보는 것입니다. 또 힘의 합성과 평형에 대해서도 학습합니다.

내용 정리

• 힘은 물체의 모양을 변화시키거나 운동 상태를 변화시키는 원인입니다.
• 힘의 종류에는 탄성력, 마찰력, 자기력, 전기력, 중력 등이 있습니다.
• 중력은 물체를 아래로 떨어지게 하는 힘입니다.
• 지구 표면의 물체에는 지구 자전에 의한 원심력이 작용하지만 만유인력에 비해 매우 작기 때문에 이를 무시하고 만유인력만 생각합니다.

4. 고등학교 1학년 - 2. 에너지

• 이 단원의 목표는 힘의 종류와 힘이 작용할 때 물체의 운동, 힘이 작용하지 않을 때의 운동 등을 학습합니다.

내용 정리

• 힘의 종류에는 중력, 탄성력, 마찰력, 전기력, 자기력, 바닥을 누르는 힘, 바닥이 떠받치는 힘, 줄이 당기는 힘 등이 있습니다.

• 힘이 없을 때의 운동
  – 작용하는 힘이 없거나 합력이 0이 되는 운동입니다(뉴턴의 운동 제1법칙).
  – 정지해 있거나 같은 방향으로 속력이 같은 운동을 합니다(등속도 운동).

• 관성은 정지 또는 운동 상태를 같은 상태로 계속 유지하려는 성질입니다.

• 힘이 있을 때의 운동(뉴턴의 운동 제2법칙)
  – 합력이 0이 되지 않는 운동입니다.
  – 속력의 변화가 생기거나 운동 방향의 변화 등이 생깁니다.

멘델이 들려주는
유전 이야기

책에서 배우는 과학 개념

생물의 성장 및 유전과 관련되는 과학적 개념 및 용어들

교육과정과의 연계

구분	과목명	학년	단원	연계되는 개념 및 원리
초등학교	과학	5학년 1학기	5. 꽃	꽃의 종류, 수분
중학교	과학	3학년	8. 유전과 진화	멘델의 법칙, 사람의 유전
고등학교	생물 I	2학년	8. 유전	염색체, 돌연변이
	생물 II	3학년	3. 생명의 연속성	염색체, 유전자, DNA

책 소개

수도사 출신의 멘델은 생물학의 역사에서 놀라운 발견을 해냈습니다. 바로 유전법칙입니다. 오늘날, 멘델의 유전법칙은 배아복제, 게놈, 줄기세포 등과 같은 연구의 기초가 되었습니다. 《멘델이 들려주는 유전 이야기》에는 유전의 세 가지 법칙, 사람의 유전형질이 소개되어 있습니다. 선생님 멘델과 함께 유전의 규칙성 발견을 위한 해결 과정을 체험하면서 과학을 공부하는 재미를 느낄 수 있을 것입니다.

이 책의 장점

1. 유전은 우리 생활과 밀접한 관련이 있습니다. 어릴 적 누구나 한 번쯤은 들어본 적 있는 '누군가와 닮았다' 라는 소리는 이런 유전형질에서 비롯됩니다. 꽃과 동물이 자신의 부모를 닮는 것 또한 이 때문입니다. 이 책은 멘델 선생님과 열한 번의 학습을 통해 생물들의 후손이 부모를 닮게 되는 원리를 설명하고 있습니다.

2. 멘델 선생님의 다정한 가르침은 시험 준비에 바쁜 중·고생들에게 간단하게 배울 수 있게 합니다. 복잡한 유전 실험을 변인조절 과정으로 차근차근 해결하며 과학의 정수를 맛보게 합니다.

3. 초등학생들에게 과학의 꿈을 심어주는 본 교재는 중학교에서 배우는 유전의 진화, 고등학교 생물의 유전 학습과 바로 연결됩니다.

각 차시별 소개되는 과학적 개념

1. 첫 번째 수업 _ 옛날 사람이 생각한 유전 현상은?

• 유전이라는 말을 사용하지는 않았지만 자식이 부모를 닮는다는 사실은 알고 있었습니다.

• 우수한 품종을 얻기 위해 튼튼한 것들만 골라 씨를 뿌리기도 했습니다.

2. 두 번째 수업 _ 왜 완두로 실험했을까요?

• 완두는 값도 싸고, 기르는 것은 물론 교배하기 쉬웠기 때문입니다.

• 완두는 심고난 후 열매를 맺기까지의 기간이 짧고, 대립 형질이 뚜렷하기 때문입니다.

3. 세 번째 수업 _ 식물의 생식 기관

• 생식이란 생물이 자신과 같은 새로운 자손을 남기는 것입니다.

• 꽃을 이루는 꽃잎, 꽃받침, 수술, 암술 중에서 생식과 관계된 것은 수술과 암술입니다.

4. 네 번째 수업 _ 우열의 법칙

• 둥근 완두와 주름진 완두를 교배하면 두 형질이 고루 섞여서 나오지 않습니다.

• 잡종 제1대에서 우성 형질만 나타나는 현상을 우열의 법칙이라고 합니다.

5. 다섯 번째 수업 _ 표현형과 유전자형

• 유전자를 YY, Yy, yy 등과 같이 알파벳 기호로 나타내는 것을 유전자형이라고 합니다.

- 노란색 완두, 녹색 완두 등과 같이 모습 그대로 나타내는 것을 표현형이라고 합니다.

6. 여섯 번째 수업 _ 녹색 완두의 형질은 어디로 간 것일까요?

- 제1대 노란색 완두와 녹색 완두를 교배하면 항상 노란색 완두가 나옵니다.
- 제2대에서는 우성 형질인 노란색 완두와 열성 형질인 녹색 완두가 나옵니다.

7. 일곱 번째 수업 _ 분리의 법칙

- 잡종 제2대에서 우성과 열성형질이 3:1의 비율로 나타나는 것을 말합니다.

8. 여덟 번째 수업 _ 독립의 법칙

- 노란색 완두와 녹색 완두는 다음 세대로 유전할 때 각각 독립적으로 유전됩니다.
- 노란색, 녹색 형질이 우열과 분리의 법칙에 따라 각각 유전되는 것을 독립의 법칙이라고 합니다.

9. 아홉 번째 수업 _ 순종과 잡종을 어떻게 구별할 수 있을까요?

- 검정 교배는 우성 형질 완두와 열성 순종 완두를 교배시키는 방법입니다.
- 검정 교배로 순종과 잡종의 완두를 구별할 수 있습니다.

10. 열 번째 수업 _ 멘델의 법칙은 항상 성립할까요?

- 독일의 코렌스는 붉은 분꽃과 흰 분꽃을 교배했는데 분홍색 분꽃도 나왔습니다.

- 모든 유전 현상이 멘델의 법칙을 따르는 것은 아닙니다.

11. 열한 번째 수업 _ 멘델의 법칙과 사람의 유전 형질
- 사람의 유전 형질을 연구하는 데는 여러 가지 어려움이 있습니다.
- 사람의 유전 형질은 혀말기, 이마모양, 귓불모양 등의 간단한 관찰 활동으로 알아볼 수 있습니다.

이 책이 도움을 주는 관련 교과서 단원

멘델의 유전 이야기와 관련되는 교과서에 등장하는 용어와 개념들입니다.

1. 초등학교 5학년 1학기 – 5. 꽃
- 이 단원의 목표는 꽃의 특징을 관찰하고 분류하며, 꽃의 공통적인 구조와 기능을 익히고 여러 가지 꽃가루받이 방법에 대하여 아는 것입니다.

내용 정리
- 여러 가지 꽃은 꽃잎의 생김새, 색깔, 향기 등 다양한 관점으로 관찰할 수 있습니다.
- 꽃은 다양한 형태지만 공통점과 차이점이 있습니다.
- 대부분의 꽃은 꽃잎, 꽃받침, 암술, 수술의 공통된 구조를 가집니다.
- 꽃은 생식기관입니다.

- 꽃가루받이(수분)란 수술에 있는 꽃가루가 암술에 전달되는 것으로, 수분이 되고 수정이 되어야 씨가 생길 수 있습니다.

2. 중학교 3학년 - 8. 유전과 진화

- 이 단원의 목표는 유전의 규칙성, 여러 가지 유전형질, 멘델의 법칙은 항상 적용되는가, 사람의 유전 형질을 연구하는 방법 등에 대하여 알아보는 것입니다.

내용 정리

- 유전은 어버이의 형질이 자손에게 전달되는 현상입니다.
- 순종의 대립 형질을 교배했을 때 잡종 제1대에는 우성 형질만 나타나는 것이 우열의 법칙입니다.
- 분리의 법칙이란 잡종 제2대에는 우성과 열성이 3:1의 비율로 나타나는 것을 말합니다.
- 독립의 법칙이란 한 쌍의 대립 형질이 유전될 때 각각의 형질이 다른 형질의 영향을 받지 않고 독립적으로 유전되는 현상입니다.
- 멘델의 법칙에는 우열의 법칙, 분리의 법칙, 독립의 법칙 등이 있습니다.
- 여러 가지 생물의 유전에는 분꽃의 꽃색 유전 같이 멘델의 유전법칙을 따르지 않는 것이 있습니다.
- 중간유전이란 우열의 법칙을 따르지 않고 어버이의 중간형질이 나

타나는 것입니다. 이것은 멘델의 법칙이 틀린 것이 아니고 유전자 사이의 우열 관계가 다르기 때문입니다.

• 사람의 유전 형질은 가계도 조사, 쌍생아 연구, 통계 조사, 핵형 분석 등의 방법으로 연구합니다.

파인만이 들려주는
불확정성 원리 이야기

책에서 배우는 과학 개념

물질을 이루는 원자와 관련되는 개념 및 용어들

교육과정과의 연계

구분	과목명	학년	단원	연계되는 개념 및 원리
초등학교	과학	3학년 2학기	7. 섞여 있는 알갱이의 분리	알갱이, 물질, 혼합물
중학교	과학	3학년	3. 물질의 구성	전자, 원자
고등학교	과학	1학년	3. 물질	전해질과 이온
	물리 II	3학년	3. 원자와 원자	핵전자, 원자핵

책 소개

《파인만이 들려주는 불확정성 원리 이야기》는 아주 작은 원자의 세계를 다루고 있습니다. 물체의 위치와 속도는 그동안 뉴턴의 법칙 속에 있었습니다. 하지만 불확정성의 원리는 물체의 위치와 속도를 정확하게 측정할 수 없다는 원리이기 때문에 뉴턴의 법칙을 뒤엎는 내용입니다. 이 책에서는 양자역학을 접할 때 만나는 어려운 식을 쉽고, 재미있게 습득할 수 있도록 하였습니다. 특히, 핵분열과 핵융합 등의 원리를 깨달아 한층 더 가까이 물리에 다가갈 수 있을 것입니다.

이 책의 장점

1. 불확정성 원리는 초등학생들에게 어려운 용어입니다. 하지만 파인만 선생님은 물질의 작은 단위인 원자에 대해 쉽고, 친절하게 설명해 줍니다. 천재 과학자 파인만과의 만남은 어린이를 장래 과학자로의 꿈을 키우고 더욱 열심히 공부하려는 의지를 갖게 할 것입니다. 중고생들에게는 뉴턴의 운동 법칙이 적용되는 범위와 원자 세계의 원리를 함께 이해하는 기회가 될 것입니다.
2. 아홉 번에 걸쳐 원자의 모습부터 시작하여 가장 작은 알갱이 쿼크에 이르기까지 작은 원자 세계의 신비를 만나게 됩니다.
3. 초등학교 3학년 과학과 교육과정에 있는 물질의 성질, 중고등학교에서 배우는 물질의 구성과 원자를 연계하여 학습할 수 있습니다.

각 차시별 소개되는 과학적 개념

1. 첫 번째 수업 _ 전자란 무엇일까요?

- 모든 물질은 원자로 이루어져 있습니다.
- 원자 속에는 (−)전기를 띤 전자가 있습니다.

2. 두 번째 수업 _ 광자는 무엇일까요?

- 빛을 이루고 있는 알갱이가 광자입니다.
- 광자들 중에는 에너지가 큰 것도 있고 작은 것도 있습니다.
- 빨강 광자의 에너지가 가장 작고, 보라 광자의 에너지가 가장 큽니다.

3. 세 번째 수업 _ 원자는 어떻게 생겼나요?

- 원자 속에는 (−)전기를 가진 전자와 크기는 같고 부호는 반대인 (+)전기가 있습니다.
- (+)전기를 띤 부분이 원자의 중심에 몰려 있으면 그곳을 원자핵이라고 합니다.
- 전자는 원자핵 주위를 빙글빙글 돕니다.

4. 네 번째 수업 _ 전자가 기차 타요

- 전기를 띤 물체가 움직이면 빛이 나옵니다.
- 빛이 나온 전자는 에너지가 작아지면서 원자핵 가까이로 이동하며 돌게 됩니다.
- 에너지가 작은 전자는 원자핵 가까이 돌며 빛을 내보내지 않습니다.

5. 다섯 번째 수업 _ 불확정성의 원리가 뭐죠?

- 불확정성의 원리는 물체의 위치와 속도를 정확하게 측정할 수 없다는 것입니다.
- 물체의 위치와 속도를 정확하게 관측할 수는 없지만 '0'은 아닙니다.
- 우리가 사는 세상은 질량이 매우 크기 때문에 불확정성의 원리를 느낄 수 없습니다.

6. 여섯 번째 수업 _ 전자는 어디에 있을까요?

- 불확정성의 원리에 따르면 전자의 위치와 속도를 정확하게 관측할 수는 없습니다.
- 하지만 전자가 있을 확률이 가장 높은 위치는 알 수 있습니다.
- 수소 원자의 경우에는 전자가 수소 원자의 핵 주위에 구름처럼 퍼져있는 모양이 됩니다.

7. 일곱 번째 수업 _ 원자핵에는 누가 살까요?

- 원자는 자신의 원자 번호의 개수만큼 전자를 가질 수 있습니다.
- 수소는 (−)전자 한 개와 (+)전기를 띠는 원자핵이 있습니다.
- 원자핵은 (+)전기를 띤 양성자와 전기를 띠고 있지 않은 중성자로 이루어져 있습니다.

8. 여덟 번째 수업 _ 원자핵 속에는 어떤 일이 벌어질까요?

- 무거운 원자핵에 중성자가 가해지면 연쇄 핵분열로 쪼개져서 가벼운 원자핵이 되며, 엄청난 에너지가 나옵니다.

- 핵융합은 온도가 뜨거운 곳에서 가벼운 원자핵들이 달라붙어 무거운 원자핵이 만들어지는 것입니다. 이때도 엄청난 에너지가 발생합니다.

9. 아홉 번째 수업 _ 쿼크는 무엇일까요?

- 입자 가속기를 이용해 양성자를 빠르게 돌게 하여 정지해 있는 다른 양성자에 충돌시키면 양성자를 이루는 알갱이가 튀어나옵니다.
- 이것이 물질을 이루는 가장 작은 알갱이는 쿼크입니다.
- 양성자와 중성자는 세 개의 쿼크로 이루어져 있습니다.

이 책이 도움을 주는 관련 교과서 단원

파인만의 불확정성 원리 이야기와 관련되는 교과서에 등장하는 용어와 개념들입니다.

1. 초등학교 3학년 2학기 - 7. 섞여있는 알갱이의 분리

- 이 단원의 목표는 물질의 성질을 이용하여 고체 혼합물을 분리하고, 일상생활에서 고체 혼합물을 분리하는 예를 들어 실생활에 적용해 보는 것입니다.

- 철가루와 모래의 혼합물은 자석을 이용하여 분리할 수 있습니다.

  – 철가루는 자석에 붙고 모래는 자석에 붙지 않기 때문입니다.

- 모래와 자갈은 체로 쳐서 분리할 수 있습니다.

  – 알갱이의 크기가 서로 다르기 때문입니다.

  – 체의 조건 : 눈의 크기가 모래보다 크고 자갈보다 작은 체

- 콩, 쌀, 좁쌀, 철가루의 혼합물을 분리하기 위해 필요한 도구

  – 자석, 눈의 크기가 콩보다 작고 쌀보다 큰 체, 눈이 쌀보다 작고
    좁쌀보다 큰 체

2. 중학교 3학년 – 3. 물질의 구성

- 이 단원의 목표는 물질의 기본적인 성분, 원소는 어떻게 나타낼
  까, 물질을 계속 쪼개면 어떻게 될까 등을 알아보는 것입니다. 또
  한 물질의 질량에 대해서도 학습합니다.

- 원소는 물질을 이루고 있는 기본 성분이며, 보통의 화학적인 방법
  으로는 더 이상 나눌 수 없습니다.

- 화합물은 두 가지 이상의 원소로 이루어진 물질로 화학적인 방법
  을 이용하면 두 가지 이상으로 나눌 수 있습니다.

- 원소는 한 가지 원소기호로 나타낼 수 있으며, 화합물은 두 가지
  이상의 원소기호로 나타낼 수 있습니다.

- 원소의 확인 방법 : 불꽃 반응, 선 스펙트럼
- 원자란 물질을 쪼개는 과정에서 더 이상 나눌 수 없는 상태의 작은 알갱이를 말합니다.
- 원자는 너무 작아서 관찰할 수 없습니다. 쉽게 이해하기 위해 원자 모형을 사용합니다.
- 원자설이란 질량보존의 법칙, 일정성분비의 법칙을 설명하기 위한 가설입니다.
  - **질량보존의 법칙** : 변화가 일어나기 전과 후의 물질의 총질량은 서로 같습니다.
  - **일정성분비의 법칙** : 두 가지 이상의 물질이 반응하여 하나의 물질을 만들 때 그 물질을 구성하는 성분 원소 사이의 질량비는 항상 일정합니다.

호킹이 들려주는
빅뱅 우주 이야기

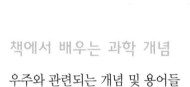

책에서 배우는 과학 개념

우주와 관련되는 개념 및 용어들

교육과정과의 연계

구분	과목명	학년	단원	연계되는 개념 및 원리
초등학교	과학	4학년 1학기	8. 별자리를 찾아서	별자리
		5학년 2학기	7. 태양의 가족	태양계
중학교	과학	2학년	3. 지구와 별	우주과학
		3학년	7. 태양계의 운동	태양계
고등학교	과학	1학년	5. 지구	태양계와 은하
	물리 I	2학년	3. 신비한 우주	천체, 우주
	물리 II	3학년	4. 천체와 우주	우주의 팽창

책 소개

《호킹이 들려주는 빅뱅 우주 이야기》에서 다루는 빅뱅의 개념은 아인슈타인의 상대성원리가 발표되면서 등장했습니다. 빅뱅이란 우주가 고온·고압의 한 점에서 폭발하여 탄생했다는 우주 창조 이론입니다. 이 책에서는 일상생활 속의 실험을 통해 우주 탄생의 원리를 알려 주고 있습니다. 또한 신체의 장애를 극복하고, 위대한 업적을 이룬 스티븐 호킹의 우주 탄생의 비밀 이야기는 과학의 꿈과 미래를 다시금 생각하게 만들어 주는 계기가 될 것입니다.

이 책의 장점

1. 초등학생들에게는 천제 과학자 스티븐 호킹과의 만남으로 우주에 대한 꿈을 키우고, 중고생들에게는 아인슈타인에 이어 우주 탄생의 배경을 짧지만 심도 있게 살펴보는 기회가 될 것입니다.
2. 어려운 우주 물리학을 강의 형식을 통해 쉽게 학습할 수 있습니다.
3. 초등학교 4학년 과학과 교육과정에 있는 별자리 활동, 중·고등학교에서 배우는 태양계, 천체 우주와 연계하여 학습할 수 있습니다.

각 차시별 소개되는 과학적 개념

1. 첫 번째 수업 _ 우주에는 어떤 물질들이 있을까요?
   • 지구와 달 사이에는 성간 물질이라는 아주 작은 알갱이들이 떠돌

아 다닙니다.

- 성간 물질이 많이 모여 있는 곳이 성운입니다.
- 성간 물질은 별이 되기도 하고, 행성이 되기도 합니다.

2. 두 번째 수업 _ 별이 죽으면 무엇이 될까요?

- 별은 수소가 주성분인 성간 물질의 핵융합 에너지로 빛과 열을 냅니다.
- 성간 물질이 적게 모이면 가벼운 별이 되고, 많이 모이면 무거운 별이 되며 핵융합 반응이 활발해 뜨겁고 빨리 탑니다. 무거운 별은 수명이 짧습니다.
- 별은 죽어서 중성자별, 블랙홀이 됩니다.

3. 세 번째 수업 _ 밤하늘은 왜 어두울까요?

- 우주의 끝의 유무는 많은 의문을 낳고 있지만, 대부분 사람들은 우주에도 끝이 있다고 생각합니다.
- 빛도 파동입니다. 물체의 색깔이 달라 보이는 것도 빛의 파장에 따라 색깔이 달라지기 때문입니다.
- 파장이 아주 짧거나 길면 빛은 보이지 않게 됩니다.

4. 네 번째 수업 _ 우주의 나이는 몇 살일까요?

- 우주는 팽창합니다.
- 우주의 나이는 우주가 팽창한 시간을 나타냅니다.
- 과학자들이 허블의 법칙을 이용해 알아낸 우주의 나이는 150억 살입니다.

5. 다섯 번째 수업 _ 빅뱅 이야기

- 초기의 우주는 아주 작은 곳에 많은 물질이 모여 있어 뜨겁고 압력이 높은 상태였습니다.
- 대폭발은 지금 같은 큰 우주를 만들었고 이것이 빅뱅이론입니다.

6. 여섯 번째 수업 _ 우주 탄생 시나리오

- 우주의 처음 크기는 0.00000000000000000000000000000001cm입니다.
- 우주가 탄생하자마자 우주는 빅뱅과 함께 팽창합니다. 그리고 우주에 빛이 생기고 핵융합이 이루어지며, 빛이 직진할 수 있게 될 때 우주는 맑게 갭니다.

7. 일곱 번째 수업 _ 우주가 우주를 낳을 수도 있나요?

- 블랙홀은 주변의 물질을 빨아들여 웜홀로 보냅니다.
- 웜홀의 끝에는 물질을 방출하는 화이트홀이 있습니다.
- 웜홀을 통해 물질이 없던 다른 우주에 새로운 물질이 모이며 아기 우주를 만들어 냅니다.

8. 여덟 번째 수업 _ 우리 우주의 모습은?

- 우리 우주의 미래에 가장 큰 영향을 주는 것은 우주 전체의 질량입니다.
- 우주가 가볍다면 팽창하고 무겁다면 한 점으로 모일 때까지 수축될 것입니다.
- 우리 우주의 질량은 아주 가볍다고 합니다.

9. 아홉 번째 수업 _ 우주에 외계인이 있을까요?

- 넓고 넓은 우주에서 지구에만 생명체가 살고 있는 것일까요?
- 인간과 같은 외계 생명체가 살기 위해서는 일곱 가지 조건이 필요
합니다.

이 책이 도움을 주는 관련 교과서 단원

호킹의 빅뱅 우주과 관련되는 교과서에 등장하는 용어와 개념들입
니다.

1. 초등학교 4학년 가 - 8. 별자리를 찾아서

- 이 단원의 목표는 별자리의 모양을 익히고 별자리를 찾으며, 시간
과 계절에 따라 별자리의 위치가 변함을 이해합니다.

내용 정리

- 밤하늘에는 수많은 별들이 있으며 별들은 밝기가 다양합니다.
- 북쪽 하늘의 대표적인 별자리는 큰곰자리, 작은곰자리, 카시오페
이아자리입니다.
- 북극성을 중심으로 북두칠성과 카시오페이아는 서로 반대편에 있
습니다.
- 별자리의 이름은 사람, 동물, 물건 등의 모습을 상상하여 이름 지
은 것이 전해내려 오는 것입니다.
- 별자리 위치를 보면 계절이나 시각을 알 수 있습니다.

- 우리 조상들도 별자리를 벽화로 그리거나 천문도를 만들었습니다.

  – 어떤 계절에 동쪽, 남쪽, 천장에 보이던 별자리는 다음 계절에는 서쪽 하늘에 보입니다.

  – 북극성을 중심으로 별자리가 시계 반대 방향으로 하루에 한 바퀴씩 돌고 있습니다.

2. 초등학교 5학년 나 – 7. 태양의 가족

- 이 단원의 목표는 태양 및 태양의 둘레를 공전하는 행성, 즉 지구를 포함해서 9개의 대행성과 행성의 둘레를 공전하는 위성, 소행성, 혜성 등 태양의 인력에 의해 공전하는 태양계에 대하여 알아보는 것입니다.

내용 정리

- 태양계의 행성은 수성, 금성, 지구, 화성, 목성, 토성, 천왕성, 해왕성입니다.
- 행성은 태양 주위를 도는 것이고, 위성은 행성 주위를 도는 것입니다.
- 태양은 지구보다 109배 크고, 1억 5000만 km나 떨어져 있습니다.
- 행성의 실제 크기가 크더라도 지구에서 멀면 작게 보입니다.
- 인류는 행성 탐사선을 이용하여 행성에 대하여 많은 정보를 알아내었습니다.

3. 중학교 2학년 - 3. 지구와 별

- 이 단원의 목표는 지구의 모습과 크기, 달과 태양의 모습, 별자리, 성단과 성운, 은하수 등에 대하여 알아보는 것입니다.

내용 정리

- 인공위성에서 촬영한 지구의 사진을 보면 지구는 둥글다는 것을 쉽게 알 수 있습니다.
- 약 2200년 전 그리스의 에라토스테네스는 지구가 둥글다고 가정하고 최초로 지구의 크기를 측정하였습니다.

$$R = \frac{1}{2\pi} \times \frac{360}{\theta} ≒ 6400km$$

- 달의 반지름은 지구의 $\frac{1}{4}$, 표면 중력은 지구의 $\frac{1}{6}$입니다.
- 태양은 스스로 빛을 내는 천체로 태양계의 중심입니다.
- 별자리는 오늘날 88개가 사용되고 있습니다.
- 별을 밝기에 따라 1등성부터 6등성까지 구분하였습니다. 1등성은 6등성보다 100배 밝으므로 1등급 차이가 나면 약 2.5배의 밝기 차가 납니다.
- 수많은 별이 무리 지어 있는 성단은 구상성단과 산개성단으로 구분됩니다.

4. 중학교 3학년 - 7. 태양계의 운동

- 단원의 목표는 천체의 일주운동과 태양의 연주운동을 지구의 운동과 관련하여 알아보며, 달의 모양 변화와 일식, 월식이 일어나

는 원리를 달의 운동과 관련하여 알아보는 것입니다. 행성이 어떻게 태양의 둘레를 공전하는지도 학습합니다.

- 지구는 자전축을 중심으로 서쪽에서 동쪽으로 하루에 한 바퀴씩 자전합니다.
- 지구는 태양의 둘레를 하루에 약 1°씩 서쪽에서 동쪽으로 공전합니다.
- 달은 지구의 둘레를 하루에 약 13°씩 서쪽에서 동쪽으로 공전합니다. 달의 공전궤도를 백도라고 합니다.
- 일식은 '태양 – 달 – 지구'가 일직선으로 놓일 때 달이 태양을 가리는 현상입니다.
- 월식은 '태양 – 지구 – 달'이 일작선상으로 놓여 달이 가려지는 현상입니다.
- 태양계는 태양에서 해왕성까지의 거리인 6×10km를 반지름으로 하는 공간입니다.

가우스가 들려주는
수열이론 이야기

책에서 배우는 수학 개념

수의 규칙성과 관련되는 개념 및 용어들

교육과정과의 연계

구분	과목명	학년	단원	연계되는 개념 및 원리
초등학교	수학	4학년 나	3. 소수의 덧셈과 뺄셈	소수, 자연수
중학교	수학	3학년	1. 실수와 그 계산	제곱근
고등학교	수학 I	1학년	4. 수열	등차수열, 등비수열, 계차수열

가우스는 초등학교 1학년 때 1+2+3+ ······ +98+99+100의 계산을 단
몇 초 만에 계산한 천재 수학자였습니다. 《가우스가 들려주는 수열이론
이야기》는 수학을 재미있고 신나게 합니다. 수의 규칙성을 발견할 때 수
의 신비함과 정확함에 놀라게 됩니다. 수열은 초등학교 교육과정에 나
타나지 않으나 수의 규칙성은 다루어집니다. 가우스 선생님과 함께 간
단한 규칙성의 발견에서 시작하여 수열의 재미와 신비를 체험하면서 훌
륭한 수학자로의 꿈을 기를 수 있습니다.

이 책의 장점

1. 수열은 초등학교 교육과정에 없는 어려운 용어입니다. 하지는 그
   내용은 재미있고 수와 수학에 관심을 불러일으킵니다. 이 책은 천
   재 수학자 가우스와 함께 어렵고 딱딱한 수학을 재미있게 이해할
   수 있도록 구성하였습니다.
2. 이 책은 간단한 여러 가지 수들의 규칙 찾기 활동으로 수학의 정확
   성과 규칙성을 배우고 익히며, 복잡한 수열 관계의 문제를 차근차
   근 해결하는 과정을 보여 줍니다.
3. 초등학교 4학년 수학과 교육과정에 있는 소수의 덧셈과 뺄셈은 가
   우스의 수학의 시작되며, 중학교에서 배우는 실수의 계산, 고등학
   교에서의 수열과 바로 연결됩니다.

각 차시별 소개되는 수학적 개념

1. 첫 번째 수업 _ 차이가 일정한 수열

- 1, 3, 5, 7 …… 와 같이 어떤 규칙으로 배열되어 있는 수들을 수열이라고 합니다.

- 첫째 수부터 일정한 수를 차례로 더하여 얻어지는 수열을 등차수열이라고 합니다. 더해지는 일정한 수는 공차입니다.

- 2부터 시작해서 공차가 3인 등차수열에서 제100항은 어떤 숫자일까요? 2+3×99=299

2. 두 번째 수업 _ 비 값이 일정한 수열

- 1, 2, 4, 8, 16 …… 와 같이 이웃하는 두 수의 비(공비)가 일정한 값이 되는 수열을 등비수열이라고 합니다.

- 제1항이 2이고 공비가 3인 등비수열은 2, 6, 18, 54 …… 가 됩니다.

3. 세 번째 수업 _ 피보나치 수열

- 1, 1, 2, 3, 5, 8 …… 어떤 규칙이 숨어 있을까요?

- 앞의 두 항을 더한 수가 다음 항이 됩니다.

- 바로 피보나치 수열입니다.
  피보나치 수열에는 여러 가지 신비한 성질이 있습니다.

4. 네 번째 수업 _ 이상한 규칙을 갖는 수열

- 1, 0.5, $\frac{1}{3}$, 0.25, 0.2 …… 어떤 규칙이 숨어 있을까요? 분수로 고쳐보세요.

- 4, 12, 24, 40 …… 어떤 규칙이 있을까요? 이웃하는 항의 차이를

써보세요.

- 이 수열은 이웃항의 차이가 수열을 이루는 계차수열입니다.

5. 다섯 번째 수업 _ 수열 더하기

- 1+2+3+4+5+6+7+8+9+10=? 어떻게 계산하면 좋을까요?

- 1+2+4+8+16+32+64=? 어떻게 계산하면 좋을까요?

- 등차수열과 등비수열을 구하는 공식을 발견해 보세요.

6. 여섯 번째 수업 _ 등비수열 무한히 더하기

- 1+1+1+1+1+……=? 한없이 큰 수가 되어 무한대라고 합니다.

- 1+2+4+8+16+……=? 한없이 큰 수가 되어 무한대가 됩니다.

- $1+\dfrac{1}{2}+\dfrac{1}{4}+\dfrac{1}{8}+\dfrac{1}{16}+……=?$ 일정한 수에 접근하게 됩니다. 얼마일까요?

7. 일곱 번째 수업 _ 순환소수를 분수로 바꿀 수 있을까요?

- $\dfrac{1}{3}$을 소수로 나타내면? 0.3333333……입니다. 무한소수가 됩니다.

- $\dfrac{1}{11}$을 소수로 나타내면? 0.09090909……입니다. 일정한 수가 되풀이 되는 순환소수입니다.

8. 여덟 번째 수업 _ 끝없이 더하면 항상 무한대가 될까요?

- 어떤 수열을 끝없이 더할 때 유한한 값이 나오기도 하고 무한대가 되기도 합니다.

9. 아홉 번째 수업 _ 원주율을 수열로 나타낼 수 있나요?

- 원주율은 원의 둘레의 길이를 지름으로 나눈 값입니다.

- 원주율은 순환하지 않는 무한소수입니다. 반복되는 수가 없습니다.

가우스의 수열이론 이야기와 관련되는 교과서에 등장하는 용어와 개념들입니다.

1. 초등학교 4학년 2학기 – 3. 소수의 덧셈과 뺄셈

- 이 단원의 목표는 소수 한 자리 수와 두 자리 수의 덧셈과 뺄셈, 자연수가 있는 소수의 덧셈과 뺄셈을 배우는 것입니다.

내용 정리

- 0.5+0.9=1.4 (띠그림을 이용해 봅니다)
- 0.5−0.2=0.3 (0.5=0.1×5, 0.3=0.1×3)
- 0.25+0.74=0.99 (모눈종이를 이용해 봅니다)

2. 중학교 3학년 1학기 – 1. 실수와 그 계산

- 이 단원의 목표는 제곱근의 성질을 알고 대소 관계를 구별하며, 무리수와 실수, 근호를 포함한 식을 계산하는 것입니다.

내용 정리

- 어떤 수를 제곱하여 a가 될 때, 그 수를 a의 제곱근이라고 합니다.
- 양의 제곱근을 $\sqrt{a}$, 음의 제곱근을 $-\sqrt{a}$로 나타냅니다.
- a>0일 때 $(\sqrt{a})^2=a$, a<0일 때 $(\sqrt{a})^2=-a$입니다.
- a>0, b>0일 때 a<b이면 $\sqrt{a}<\sqrt{b}$, $\sqrt{a}<\sqrt{b}=a<b$입니다.

3. 고등학교 – 4. 수열

• 이 단원의 목표는 등차수열과 등비수열, 원리 합계를 알고 항을 구하는 것입니다. Σ와 계차수열의 뜻을 알고 이를 이용하여 수열의 일반항을 구하는 것입니다.

내용 정리

• 첫째 항에 차례로 일정한 수를 더하여 얻어지는 수열을 등차수열이라고 합니다.

• **등차수열의 합** : $S_n = \dfrac{n(a+l)}{2}$ (S_n은 합, n은 항의 수, a는 첫째 항, l은 제n항)

• 첫째 항부터 차례로 일정한 수를 곱하여 얻어지는 수열을 등비수열이라고 합니다.

• **등비수열의 합** : $r=1$일 때 $S_n=na$, $r \neq 1$일 때 $S_n = \dfrac{n(r^n+1)}{r-1}$

• 원금 a를 연이율 r로 n년 동안 예금했을 때의 원리합계

 – **단리법** : $a(1+rn)$, 복리법 : $a(1+r)^n$

• **계차수열** : 수열$\{a_n\}$에서 이웃하는 두 항의 차 $b_n = a_{n+1} - a_n$(단, $n \geq 1$)을 일반항으로 하는 수열 $\{b_n\}$을 $\{a_n\}$의 계차수열이라 합니다.

과학자들이 들려주는 과학 이야기 06

파스칼이 들려주는 확률론 이야기

책에서 배우는 수학 개념

확률과 관련되는 수학적 개념 및 용어들

교육과정과의 연계

구분	과목명	학년	단원	연계되는 개념 및 원리
초등학교	수학	6학년 나	3. 소수의 나눗셈 6. 경우의 수 7. 연비	확률, 경우의 수
중학교	수학	2학년 나	1. 확률	경우의 수, 확률계산
고등학교	수학	1학년 가	5. 통계	산포도, 표준편차
	수학 I	1학년	6. 순열과 조합 7. 확률	순열, 조합, 확률

책 소개

오늘날은 확률의 시대라고 합니다. 예측하기 힘든 많은 일들이 있기 때문입니다. 어떤 일을 계획하고 실행에 옮기기 전에 어떻게 될 것인지 어느 정도 알고 나아간다면 큰 도움이 될 것입니다. 초등학교에서는 경우의 수에 대해 흥미롭게 배웁니다. 여러 갈래의 길을 몇 가지 방법으로 갈 수 있을까? 공주머니에서 빨간 공을 꺼낼 확률은 얼마나 될까? 등과 같이 바로 생활과 연결되는 학습 활동이기 때문입니다. 《파스칼이 들려주는 확률론 이야기》는 확률의 세계를 더 쉽고 가깝게 해 줄 것입니다. 세계적인 수학자 파스칼 선생님과 함께 간단한 경우의 수에서 시작하여 게임의 공평성을 따지는 문제 해결까지 흥미로운 수학의 세계를 경험할 수 있을 것입니다.

이 책의 장점

1. 경우의 수와 확률은 초등학교 교육과정에도 등장하는 용어로 초등학생들도 어렵지 않게 접근할 수 있을 것입니다. 파스칼 선생님과 카드놀이를 하는 기분으로 놀며 배우는 아홉 번의 체험은 어렵고 딱딱했던 수학이 '우리의 삶 속에 있는 것이었구나' 하는 깨달음을 줄 것입니다.

2. 초등학교에서 고등학교에 이르기까지 간단한 경우의 수 구하기에서 확률의 법칙, 기댓값까지 한눈에 살펴보며 예습과 복습을 할 수 있습니다.

3. 초등학교 6학년 수학과 교육과정에 있는 경우의 수 단원을 보충, 심화할 수 있으며, 중·고등학교 교육과정의 확률, 순열, 조합을 한 눈에 보며 학습할 수 있을 것입니다.

각 차시별 소개되는 수학적 개념

1. 첫 번째 수업 _ 경우의 수를 구하는 방법

• 곰 인형 2개, 사람 인형 3개에서 한 개의 인형을 가지는 방법은 무엇일까요?

• 여러 갈래의 길을 찾아가는 방법은 몇 가지 경우가 있을까요?

• 경우에 따라 합의 법칙과 곱의 법칙을 적용하면 됩니다.

2. 두 번째 수업 _ 순서대로 세우기

• 서로 다른 카드를 순서대로 세우는 방법을 순열이라고 합니다.

• 1, 2, 3 세 숫자를 차례대로 세우는 방법은 무엇일까요?

• 서로 다른 숫자를 일렬로 세우는 방법은 1부터 그 수까지의 수를 차례로 곱하면 됩니다.

3. 세 번째 수업 _ 같은 것이 있을 때의 순열

• 1, 1, 2 세 숫자를 일렬로 세우는 방법은 무엇일까요?

• 세 숫자가 서로 다른 숫자라면 $1 \times 2 \times 3 = 6$, 6가지 경우가 됩니다.

• 같은 숫자 1이 2개 있으면 $(1 \times 2 \times 3) \div (1 \times 2) = 3$, 3가지 경우가 됩니다.

4. 네 번째 수업 _ 여러 번 택하여 세우기

- 1, 2가 새겨진 도장을 2번 사용하여 만들 수 있는 두 자리 숫자는 모두 몇 가지일까요?
- 이와 같이 여러 번 택하여 세우는 수열을 중복순열이라고 합니다.
- 2개에서 2개를 뽑아 세우는 방법의 수는 2×2=4, 4가지가 됩니다.

5. 다섯 번째 수업 _ 원탁에 앉히기

- 둥근 테이블에 3사람을 앉히는 방법은 몇 가지가 될까요?
- 일렬이라면 3×2×1=6, 6가지 경우가 됩니다. 3×2×1를 3!(팩토리얼)이라고 합니다.
- 둥근 테이블에서는 (3-1)! 2×1=2, 2가지 경우가 됩니다.

6. 여섯 번째 수업 _ 순서대로 세우지 않고 뽑기만 하는 방법의 수

- 3장의 카드에서 2장의 카드를 뽑는 방법은 몇 가지가 있을까요?
- 일렬로 놓는다면 3×2×1=6, 6가지 방법이 있습니다.
- 순서 없이 단순히 뽑기만 한다면 (3×2×1)÷2=3, 3가지 방법이 있습니다.

7. 일곱 번째 수업 _ 확률이 뭐죠?

- 동전을 던질 때 앞면이 나올 확률은 얼마나 될까요?
- 확률은 원하는 경우의 수를 전체 경우의 수로 나눈 값입니다.
- 여러 가지 경우가 일어날 때 각 경우의 확률의 합은 항상 1입니다.

8. 여덟 번째 수업 _ 확률의 법칙

- 각 경우의 확률의 합이 전체 확률이 될 때 이를 확률의 덧셈법칙이라고 합니다.
- 각 경우의 확률의 곱이 전체 확률이 될 때 이를 확률의 곱셈법칙

이라고 합니다.

- 10장의 카드에서 한 장을 뽑을 때 3의 배수 또는 4의 배수가 나올 확률은 얼마일까요?

$$= \frac{3}{10} + \frac{2}{10} = \frac{5}{10}, \ \frac{5}{10}$$ 가 됩니다. 확률의 덧셈법칙입니다.

9. 아홉 번째 수업 _ 기댓값이란 무엇일까요?

- 동전 2개를 던져 앞면이 나온 횟수에 따라 상금을 받는 게임에서 상금과 참가비는 얼마가 되어야 할까요?
- 기대하는 상금의 두 배를 참가비로 결정하는 것이 가장 공평합니다.
- 기댓값은 확률을 기초로 하여 구합니다.

이 책이 도움을 주는 관련 교과서 단원

파스칼의 확률론 이야기와 관련되는 교과서에 등장하는 용어와 개념들 입니다.

1. 초등학교 6학년 나 – 3. 소수의 나눗셈

- 이 단원의 목표는 여러 가지 방법으로 소수의 나눗셈을 하는 것입 니다.

> 내용 정리
> - 소수를 분수로 바꾸어 나눌 수 있습니다.
> - 소수점 이하 자릿수를 이동하여 자연수로 만든 후 나눌 수 있습 니다.

2. 초등학교 6학년 나 - 6. 경우의 수

• 이 단원의 목표는 수형도를 그려 경우의 수를 구하고, 확률의 뜻
을 알고 문제를 해결하는 것입니다.

내용 정리

• 어떤 일이 일어날 수 있는 경우의 가짓수를 **경우의 수**라고
합니다.

• 모든 경우의 수에 대한 어떤 사건이 일어날 경우의 수의 비율을
확률이라고 합니다.

3. 초등학교 6학년 나 - 7. 연비

• 이 단원의 목표는 연비의 성질을 알고 연비를 이용하여 비례배분
하는 것입니다.

내용 정리

• 셋 이상의 비를 동시에 나타낸 것을 **연비**라고 합니다.

• **연비의 성질 :** 0이 아닌 수로 곱하거나 나누어 간단한 자연수의
연비로 나타낼 수 있습니다.

• 전체를 주어진 비로 나누는 것을 **비례배분**이라고 합니다.

4. 중학교 2학년 나 - 1. 확률

• 이 단원의 목표는 우리 주변에서 경험할 수 있는 힘에는 어떤 것
들이 있고, 힘을 어떻게 측정하며 나타내는지 알아보는 것입니다.

또 힘의 합성과 평형에 대해서도 학습합니다.

• 각 사건이 일어나는 경우에 대한 가짓수를 경우의 수라고 합니다.

• 한 사건 A와 다른 사건 B가 동시에 일어나지 않는다면, 일어나는 경우의 수는 (m+n)가지입니다.

• 한 사건 A가 m가지의 방법으로 일어나고, 그 각각에 대하여 다른 사건 B가 n가지의 방법으로 일어날 때, A와 B가 동시에 일어나는 경우의 수는 (m×n)가지입니다.

• 어떤 사건이 일어날 가능성을 수로 표시한 것을 확률이라고 합니다.

• 반드시 일어날 사건의 확률은 1, 절대로 일어날 수 없는 사건의 확률은 0입니다.

• 사건 A, B가 동시에 일어나지 않을 확률의 계산 : 확률의 덧셈

• 사건 A, B가 동시에 일어날 확률의 계산 : 확률의 곱셈

뉴턴이 들려주는
만유인력 이야기

책에서 배우는 과학 개념

만유인력과 관련되는 개념 및 용어들

교육과정과의 연계

구분	과목명	학년	단원	연계되는 개념 및 원리
초등학교	과학	5학년 1학기	4. 물체의 속력	속력
중학교	과학	1학년	10. 힘	힘, 힘의 종류
		2학년	1. 여러 가지 운동	원운동, 관성

《뉴턴이 들려주는 만유인력 이야기》는 뉴턴의 운동 법칙을 설명에 관한 것입니다. 학생들이 어렵게 느낄 수도 있지만 알고 보면 우리 주변의 자연적인 현상을 뉴턴이 정리한 것입니다. 책 속에서는 뉴턴 선생님이 학생들에게 직접 강의를 합니다. 뉴턴 선생님은 운동의 법칙이 어렵기만 한 공식이 아니라는 것을 알게 해 줍니다. 뉴턴 선생님이 여러 가지 힘과 운동에 대한 여러 가지 의문들을 쉽고, 재미있게 해결해 줍니다.

이 책의 장점

1. 초등학생들에게는 과학적 사고력 개발에 도움을 주고, 중학생들에게는 중간 · 기말고사의 완벽한 대비가 될 수 있으며, 고등학생들에게는 총정리와 충실한 수능 도우미가 됩니다.
2. 과학적 지식을 외우지 않고도 생생하게 내 것으로 만들 수 있는 기회를 제공해 줍니다.
3. 초등학교 5학년 과학과 교육과정에 있는 물체의 속력에 대한 단원과 중학교에서 배우는 여러 가지 운동과 연계하여 학습할 수 있습니다.

각 차시별 소개되는 과학적 개념

1. 첫 번째 수업 _ 힘과 가속도는 어떤 관계일까요?

- 가속도는 속도의 변화를 시간으로 나눈 값입니다. 질량이 일정할 때 힘은 가속도에 비례하고, 힘이 일정할 때 질량과 가속도는 반비례합니다.

2. 두 번째 수업 _ 두 힘이 평행이라는 것은 무슨 뜻일까요?

- 두 힘이 서로 반대 방향으로 작용하고 크기가 같으면 물체는 움직이지 않습니다. 이때 두 힘은 평형이라고 합니다.

3. 세 번째 수업 _ 만유인력이란 무엇일까요?

- 질량을 가진 두 물체가 서로 끌어당기는 힘을 만유인력이라고 합니다.

4. 네 번째 수업 _ 탄성력이란 무엇일까요?

- 용수철처럼 힘을 받으면 모양이 변하는 물체를 탄성체라고 합니다. 이때 용수철이 원래의 모양이 되려는 힘이 용수철에 매달린 추에 작용하는데, 이것을 탄성력이라고 합니다.

5. 다섯 번째 수업 _ 마찰력이란 무엇일까요?

- 마찰력은 물체가 움직이는 것을 방해하는 힘입니다. 마찰력은 물체의 무게에 비례하기 때문에 무거울수록 움직이게 하기가 힘듭니다. 이때 비례상수를 마찰계수라고 합니다.

6. 여섯 번째 수업 _ 작용과 반작용은 어떤 관계일까요?

- 두 물체 사이에서 작용과 반작용은 크기가 같고 방향은 반대인 힘입니다.

7. 일곱 번째 수업 _ 원운동을 일으키는 힘에 대해 알아봅시다

- 구심력은 어떤 물체가 원운동을 하게 하는 힘입니다. 원심력은 실

제로 존재하지는 않지만 구심력과 반대 방향이고 크기는 같은 힘을 말합니다.

- 운동하고 있는 물체가 자신의 운동 상태를 그대로 유지하고 싶어 하는 성질을 관성이라고 합니다. 관성은 질량과 속도가 클수록 커지게 됩니다.

- 두 물체가 충돌할 때는 충돌하기 전에 두 물체가 가지고 있던 운동량의 총합과 충돌한 후 두 물체가 가진 운동량의 총합이 같아지는데 이것을 운동량 보존 법칙이라고 합니다.

이 책이 도움을 주는 관련 교과서 단원

뉴턴의 만유인력 이야기와 관련되는 교과서에 등장하는 용어와 개념들입니다.

1. 초등학교 5학년 1학기 – 4. 물체의 속력

- 이 단원의 목표는 여러 가지 물체의 운동을 관찰하여 속력을 정성적으로 비교하고, 이동 거리와 시간을 측정하여 구한 속력을 여러 가지 방법으로 나타내는 것입니다.

내용 정리

- 물체가 움직인다는 것은 기준과 비교했을 때 물체의 위치가 변한

다는 것을 뜻합니다.

- 물체의 빠르기는 관찰자에 따라 상대적으로 다르게 보입니다.
- 빠르기는 일정한 거리를 이동하는 데 걸린 시간을 재면 쉽게 알 수 있습니다. 걸린 시간이 짧을수록 빠른 물체입니다. 또 일정한 시간 동안 이동한 거리가 길수록 빠른 물체입니다.
- 속력의 단위로는 일반적으로 km/h, m/s 등을 사용합니다.
- 이동 시간에 따른 이동 거리의 그래프에서 직선의 기울기는 속력을 나타냅니다.

2. 중학교 1학년 – 10. 힘

- 이 단원의 목표는 우리 주변에서 경험할 수 있는 힘에는 어떤 것들이 있고, 힘을 어떻게 측정하며 나타내는지 알아보는 것입니다. 또 힘의 합성과 평형에 대해서도 학습합니다.

내용 정리

- 힘은 물체의 모양을 변화시키거나 운동 상태를 변화시키는 원인입니다.
- 힘의 종류에는 탄성력, 마찰력, 자기력, 전기력, 중력 등이 있습니다.
- 힘의 측정은 용수철이 늘어나는 길이가 작용하는 힘의 크기에 비례하는 것을 이용합니다.
- **힘의 단위** : N, kgf

- 힘의 크기는 화살표의 길이로, 힘이 작용하는 방향은 화살표의 방향으로, 힘이 작용하는 작용점은 화살표가 시작되는 점으로 나타냅니다.
- 힘의 합성은 한 물체에 여러 힘이 작용할 때 똑같은 효과를 나타내는 한 힘을 구하는 것입니다.

3. 중학교 2학년 - 1. 여러 가지 운동

- 이 단원의 목표는 일정한 운동과 속력이나 방향이 변하는 운동에 대하여 알아보는 것입니다. 또 관성과 힘이 작용할 때의 물체의 운동에 대해서도 학습합니다.

내용 정리

- **물체의 위치**는 기준이 되는 점으로부터의 방향과 거리로 나타냅니다.
- **속력**=이동 거리/걸린 시간(단위 : m/s, km/h)
- 물체가 이동한 전체 거리를 걸린 시간으로 나누면 **평균 속력**을 구할 수 있습니다.
- **등속직선운동**이란 속력과 운동 방향이 변하지 않는 운동입니다.
- **관성**이란 외부에서 힘이 작용하지 않을 때 처음의 운동을 계속 유지하려는 성질입니다.
- 운동 방향과 같은 방향으로 힘이 작용하면 물체의 속력은 증가하고, 반대 방향으로 힘이 작용하면 물체의 속력은 감소합니다.

- **등속 원운동**이란 물체가 일정한 속력으로 원을 그리면서 도는 운동입니다.
- 물체에 힘이 작용할 때 운동 방향이 변하는 정도는 힘의 크기에 비례하고, 물체의 질량에 반비례합니다.

갈릴레이가 들려주는
낙하이론 이야기

책에서 배우는 과학 개념

물체의 여러 가지 운동과 관련되는 과학적 개념 및 용어들

교육과정과의 연계

구분	과목명	학년	단원	연계되는 개념 및 원리
초등학교	과학	5학년 1학기	4. 물체의 속력	속력
중학교	과학	1학년	10. 힘	중력
고등학교	물리 I	2학년	1. 힘과 에너지	속도, 가속도, 운동의 법칙
	물리 II	3학년	1. 운동과 에너지	중력장, 낙하운동, 포물선운동

책 소개

무거운 물체와 가벼운 물체가 같은 높이에서 떨어질 때 어떤 물체가 먼저 떨어지게 될까요? 갈릴레이가 이 문제에 의심을 가질 때까지는 많은 사람들이 무거운 물체가 먼저 떨어진다고 믿었습니다. 갈릴레이는 실제로 이 실험을 여러 사람 앞에서 보여주며, 낙하이론에 대한 혁명적인 업적을 쌓은 것입니다. 《갈릴레이가 들려주는 낙하이론 이야기》는 물체의 속도와 가속도 등을 쉽게 설명하여 초등학생들도 이해하기 쉽게 풀어놓았습니다. 또 지구가 태양의 주위를 돈다는 사실을 설명하기도 했습니다.

이 책의 장점

1. 초등학교 5학년 교육과정에 물체의 속력부터 기초적인 물체의 운동인 포물선, 관성에 이르기까지 체계 있고, 쉬운 예로 설명하고 있습니다.

2. 갈릴레이 선생님이 등장하여 함께 문제를 해결해가는 방식입니다. 암기식으로 공식을 외워 적용하는 학습이 아닙니다. 각 과정을 자기 주도적으로 해결하는 장점이 있습니다.

3. 초등학교 5학년의 속력 구하기부터 중·고등학교 교육과정의 힘과 운동에 연계되어 기초가 없었던 학생들도 단시간에 이해할 수 있을 것입니다.

각 차시별 소개되는 과학적 개념

1. 첫 번째 수업 _ 속력이란 무엇일까요?

- 속력은 거리를 시간으로 나눈 값입니다.
- 100m를 움직이는 데 20초 걸렸다면 평균속력은 5m/초입니다
- 아주 짧은 시간 동안의 움직임은 순간속력이라고 합니다.

2. 두 번째 수업 _ 속도란 무엇일까요?

- 속력은 물체의 빠르기를 나타냅니다.
- 속도는 물체의 빠르기뿐만 아니라 물체가 움직이는 방향까지 나타내는 양입니다.
- 물체가 움직이는 것을 두 개의 수직선을 이용한 좌표를 사용하면 편리합니다.

3. 세 번째 수업 _ 가속도란 무엇일까요?

- 일정 시간 동안 속도가 변하는 양을 나타낸 것이 가속도입니다.
- 가속도는 속도의 변화를 시간으로 나눈 값입니다.
- 물체의 속도가 증가하면 가속도의 방향은 물체가 움직이는 방향입니다.
- 물체의 속도가 감소하면 가속도의 방향은 물체가 움직이는 방향과 반대입니다.

4. 네 번째 수업 _ 자유낙하운동

- 자유낙하는 처음에 정지해 있던 물체가 아래로 떨어지는 운동입니다.
- 자유낙하는 지구가 물체를 잡아당기기 때문에 일어납니다.

- 물체가 자유낙하할 때 물체가 받는 가속도를 중력가속도라고 합니다(단위 : m/s).

5. 다섯 번째 수업 _ 그네의 운동

- 그네의 주기는 그네에 탄 사람의 질량과 관계가 없습니다.
- 그네의 주기는 그네의 길이와 관계가 있습니다.
- 그네의 높이가 가장 낮을 때 속력이 가장 빠릅니다.

6. 여섯 번째 수업 _ 포물선운동

- 수직 방향으로의 속도는 가속도와 시간의 곱입니다.
- 수평 방향으로 던진 물체 속도는 수직 방향으로 점점 빨라집니다.
- 물체의 운동은 포물선 모양이 됩니다.

7. 일곱 번째 수업 _ 관성이란 무엇일까요?

- 물체가 가속도를 받지 않을 때 물체가 일정한 속도를 유지하려는 성질을 물체의 관성이라고 합니다. 갑자기 자동차가 멈출 때 앞으로 넘어지는 현상도 관성 때문입니다.

8. 여덟 번째 수업 _ 관성계란 무엇일까요?

- 움직이는 차에서 공을 위로 던지면 공은 던진 사람의 손으로 그대로 떨어집니다.
- 이것은 일정한 속도로 움직이는 곳의 물리 현상이 정지된 상태와 같은 것으로 관성계라고 부릅니다. 지구에서 짧은 시간 동안의 운동은 관성계입니다.

9. 아홉 번째 수업 _ 지구가 태양 주위를 도는 이유는 무엇일까요?

- 태양이 중심에 있고 지구가 태양의 주위를 돈다는 것을 주장한 이론

입니다.

- 지구에서 수성, 태양, 화성의 움직임을 관찰하면 지동설의 타당성을 알 수 있습니다.

이 책이 도움을 주는 관련 교과서 단원

갈릴레이의 낙하이론 이야기와 관련되는 교과서에 등장하는 용어와 개념들입니다.

1. 초등학교 5학년 1학기 - 4. 물체의 속력

- 이 단원의 목표는 여러 가지 물체의 운동을 관찰하여 속력을 정성적으로 비교하는 방법, 이동 거리와 시간을 측정하여 속력을 구하고 속력을 여러 가지로 나타내는 방법 등을 이해하는 것입니다.

내용 정리

- 물체의 빠르기는 관찰자에 따라 상대적으로 다르게 보입니다.
- 빠르기는 일정한 거리를 이동하는 데 걸린 시간을 재면 쉽게 알 수 있습니다. 걸린 시간이 짧을수록 빠른 물체입니다. 또 일정한 시간 동안 이동한 거리가 길수록 빠른 물체입니다.
- 속력의 단위로는 일반적으로 km/h, m/s 등을 사용합니다.
- 이동 시간에 따른 이동 거리의 그래프에서 직선의 기울기는 속력을 나타냅니다.

2. 중학교 1학년 - 10. 힘

- 이 단원의 목표는 우리 주변에서 경험할 수 있는 힘에는 어떤 것들이 있고, 힘을 어떻게 측정하며 나타내는지 알아보는 것입니다. 또 힘의 합성과 평형에 대해서도 학습합니다.

내용 정리

- 힘은 물체의 모양을 변화시키거나 운동 상태를 변화시키는 원인입니다.
- 힘의 종류에는 탄성력, 마찰력, 자기력, 전기력, 중력 등이 있습니다.
- 높은 곳에 있는 물체는 아래로 떨어진다. 지구와 물체 사이에 서로 잡아당기는 중력이 작용하기 때문입니다.
- 지구상에 있는 물체는 지구의 중심 방향으로 중력을 받게 되는데, 이 방향을 연직 방향이라고 합니다.

3. 고등학교 2학년 물리 - Ⅰ. 힘과 에너지

- 이 단원의 목표는 운동의 설명에 유용한 물리량에 대해 살펴보고, 속력이 변하는 운동과 방향이 변하는 운동의 예를 알아보는 것입니다.

내용 정리

- 속력은 방향을 고려하지 않은 물리량이나 속도는 방향까지 포함하는 물리량입니다.

- 직선상에서 한 방향으로 운동할 때는 속력과 속도가 같습니다.
- 가속도는 단위 시간 동안 속도의 변화량으로 1초 동안에 속도가 얼마나 변하였나를 나타냅니다. 단위는 m/s를 사용합니다.
- 뉴턴 운동의 세 법칙은 관성, 힘과 가속도, 작용과 반작용의 법칙입니다.

왓슨이 들려주는 DNA 이야기

책에서 배우는 과학 개념

유전공학과 세포, DNA 와 관련되는 과학적 개념 및 용어들

교육과정과의 연계

구분	과목명	학년	단원	연계되는 개념 및 원리
초등학교	과학	4학년 1학기	1. 동물의 생김새 2. 동물의 암수	동물의 종류, 특징, 동물의 암수, 새끼와 어미
중학교	과학	3학년	8. 유전과 진화	유전 원리, 사람의 유전
고등학교	생물 I	2학년	8. 유전	유전자, 염색체, 염색체 이상
	생물 II	3학년	3. 생물의 연속성	DNA의 구조와 기능

모든 생물들은 신비로운 존재들입니다. 여러 가지 생물들은 서로 다른 환경에서 태어납니다. 성장하고 자신과 같은 자손을 퍼뜨리는 모습까지 제각기 다릅니다. 그런가 하면 같은 종끼리는 가르치고 배우는 과정이 없어도 후손들은 조상의 모습과 행동까지 닮는 경우도 있습니다. 어린이들은 초등학교에서 직접 DNA라는 용어를 배우지는 않지만 이미 DNA에 관해 많은 호기심을 갖고 있습니다. 《왓슨이 들려주는 DNA 이야기》는 왓슨 선생님이 등장하여 '우리는 왜 먹어야 하는가' 라는 다소 엉뚱한 질문을 시작으로 DNA의 신비를 풀어나갑니다.

이 책의 장점

1. DNA는 초등학교 교육과정에 직접 등장하는 용어가 아니지만 관련된 내용은 교과서 곳곳에 나타나 호기심과 관심을 불러일으킵니다. 4학년 교육과정의 동물의 생김새와 동물의 암수 단원은 동물들이 저마다 다른 환경에서 슬기롭게 살아가며, 자손을 낳아 종족을 보존하는 내용입니다. DNA가 자손에게 전달되는 것과 관련이 있는 부분입니다. '나는 엄마 아빠를 닮는다' 라는 친근한 예를 들어 쉽게 DNA와 생명의 신비를 배우게 됩니다.

2. 왓슨 선생님의 친절한 열한 번의 수업은 DNA의 암호 체계부터 유전자 조작, DNA의 이용, DNA의 도덕적 고찰까지 깊이 있는 과학의 세계로 안내합니다.

3. 초등학교 학습에 도움을 주는 것은 물론 중·고등학교의 유전 학습에 직접 관련되는 책으로 짧은 시간에 유전 학습 전체를 폭넓게 정리할 수 있는 장점이 있습니다.

각 차시별 소개되는 과학적 개념

1. 첫 번째 수업 _ DNA는 무슨 일을 할까요?

• 우리 몸은 60조 개의 세포로 구성되어 있습니다.
• DNA는 세포가 하는 일을 조절하고, 유전 정보를 저장하는 역할을 합니다.

2. 두 번째 수업 _ DNA는 실같이 생겼어요

• DNA는 세포 가운데 공처럼 생긴 구멍에 들어있습니다.
• 핵 구멍 안에는 굵은 실 같은 염색사가 퍼져 있는데 DNA는 이 안에 꼬인 사다리 모양을 하고 있습니다.

3. 세 번째 수업 _ DNA에는 암호가 있어요

• 유전자에는 '뉴클레오티드' 라는 작은 분자들이 다양한 순서로 연결되어 있습니다.
• DNA는 두 가닥으로 되어 있는데 한 쪽 가닥의 정보를 알면 다른 쪽도 알 수 있습니다.

4. 네 번째 수업 _ DNA 암호 전달하기

• 세포 안의 모든 일은 DNA의 정보에 따라 일어납니다.
• DNA의 정보는 필요한 부분만 복사되어 세포질로 전달됩니다.

• 한 사람의 모든 세포는 DNA가 같습니다.

• DNA가 가지고 있는 정보는 세포가 어떤 단백질을 만들어야 하는지 알려줍니다.

• 단백질은 세포의 일꾼입니다.

• DNA는 정자나 난자에 담겨 자손에게 전달됩니다. 아기는 아빠 정자의 23개, 엄마 난자의 23개, 모두 46개의 염색체를 갖게 되어 DNA 정보를 받습니다.

• DNA 모두가 유전자가 아닙니다. 그 중에서 의미 있는 암호문이 유전자입니다.

• 사람에게는 약 35,000개의 유전자가 있습니다. 다른 동물에 비해 많은 편이 아닙니다.

• 정자와 난자의 DNA 이상이 자손에게 전달되어 나타나는 것이 돌연변이입니다.

• DNA를 자르고 붙이며 대량생산할 수 있습니다.

• DNA 조작은 병을 치료하는 데 아주 유익합니다. 그렇지만 새로운 생물을 만들 수도 있으니 신중하게 판단해야 합니다.

- DNA는 사람마다 서로 달라 DNA 지문이라고 부르며 사람을 찾는 데 이용하고 있습니다.

- DNA를 통해 인간은 생명의 비밀을 조금 알게 되었습니다.
- 인류의 미래를 위해 선하게 연구하고 이용해야 합니다. DNA 조작에 대해 많은 사람들이 걱정을 하고 있습니다.

이 책이 도움을 주는 관련 교과서 단원

왓슨의 DNA 이야기와 관련되는 교과서에 등장하는 용어와 개념들입니다.

1. 초등학교 4학년 2학기 - 1. 동물의 생김새

- 이 단원의 목표는 주위에 살고 있는 여러 가지 동물의 생김새와 사는 장소, 생활 방식에 대하여 알아보는 것입니다.

내용 정리

- 동물은 겉모습이 달라도 공통적인 특징이 있고 이에 따라 분류할 수 있습니다.
- 동물은 사는 곳에 따라 생김새와 생활 방식이 다릅니다.

2. 초등학교 4학년 2학기 - 2. 동물의 암수

- 이 단원의 목표는 동물 암수의 특징을 알아보고, 암수가 외형적으로 다를 뿐만 아니라 성적으로 역할 분담이 있으며, 짝짓기를 통하

여 종족 번식이 이루어짐을 이해하는 것입니다.

- 암컷과 수컷은 서로 다른 특징이 있습니다.
- 동물은 알이나 새끼를 낳아 대를 잇기 위하여 짝짓기를 합니다.
- 어미와 새끼의 모습을 보면 비슷한 동물도 있고 다른 동물도 있습니다.

3. 중학교 3학년 – 8. 유전과 진화

- 이 단원의 목표는 모든 생물은 자기를 닮은 자손을 퍼뜨리는데, 이때 어버이의 형질이 어떻게 자손에게 전해지는지, 사람의 기본 형질에는 어떤 것들이 있는지 알아보는 것입니다.

- 유전 현상을 과학적으로 연구하는 학문을 **유전학**이라고 합니다.
- **멘델의 법칙**에는 우열의 법칙, 분리의 법칙, 독립의 법칙 등이 있습니다.
- 사람의 유전은 가계도 조사, 쌍생아 연구, 통계 조사, 핵형 분석, 인간 게놈 연구 등을 통해 밝혀내고 있습니다.

4. 고등학교 생물 – 8. 유전

- 이 단원의 목표는 부모의 형질이 어떻게 자손에게 유전되는지 배우고, 유전자와 염색체의 관계, 돌연변이에 대하여 알아보는 것입

니다.

• **유전자**는 생물 개체의 형질을 나타내는 요소로 DNA가 유전자의 본체입니다.

• **염색체**는 세포 분열 중에 DNA와 단백질이 모인 염색사가 꼬이고 응축되어 나타납니다.

• 같은 종류의 생물이라면 어느 조직의 세포라도 염색체의 수와 모양, 크기가 일정하게 나타나는데 이런 특징을 **핵형**이라고 합니다.

• **돌연변이**는 염색체나 그 속에 들어있는 유전자의 이상에 의한 변이로서 유전됩니다.

• 돌연변이에는 유전자 돌연변이, 염색체 돌연변이가 있습니다.

돌턴이 들려주는
원자 이야기

책에서 배우는 과학 개념

원자, 분자와 관련되는 과학적 개념 및 용어들

교육과정과의 연계

구분	과목명	학년	단원	연계되는 개념 및 원리
초등학교	과학	6학년 1학기	1. 기체의 성질	기체
중학교	과학	1학년	5. 분자의 운동 7. 상태변화와 에너지	분자, 열에너지, 기화, 액화, 승화, 응고, 융해
		3학년	3. 물질의 구성	원자질량, 몰, 확산
고등학교	화학Ⅱ	3학년	1. 물질의 상태와 용액 2. 물질의 구조	원자구조, 주기율

물질을 쪼개고 쪼개면 어떤 것이 남을까? 더 이상 쪼갤 수 없는 것은 어떤 상태일까? 아주 오랜 옛날부터 사람들이 궁금하게 여기던 문제입니다. '더 이상 쪼갤 수 없는 것'을 일컫는 말이 '원자'입니다. 원자의 크기는 1나노미터(㎚)도 되지 않는다고 합니다. 이 작은 원자는 또 어떤 것들로 이루어져 있을까요? 너무 작은 세계의 일이라 무관심하게 지나칠 수 있는 것을 돌턴 선생님이 차근차근 풀어줍니다. 《돌턴이 들려주는 원자 이야기》를 통해 원자는 어떻게 생겼는지, 분자와 이온들이 무엇인지 배울 수 있을 것입니다.

이 책의 장점

1. 원자는 초등학교 교육과정에 없는 어려운 용어입니다. 하지만 책을 펼치는 순간 첫 번째 수업이 '사탕을 쪼개면 무엇이 남을까?'라고 시작하여 어린이의 마음을 끌기에 충분할 것입니다. 과학의 시작은 호기심입니다. 돌턴 선생님은 초등과정의 물질에 대한 학습을 자신감 있게 끌어 주며 세상에서 가장 작은 원자, 분자의 세계로 안내할 것입니다.

2. 돌턴 선생님의 친절한 열세 번의 가르침은 원자와 원소, 분자, 이온, 전기와 전자, 여러 가지 성질을 가진 원소 등 물질의 세계를 체계적으로 정리해 줍니다.

3. 오늘날 각광받는 첨단 과학 나노기술, 바이오기술도 원자 세계로

부터 시작합니다. 이 책을 통해 원자 세계를 보다 정확하게 학습할 수 있을 것입니다.

각 차시별 소개되는 과학적 개념

1. 첫 번째 수업 _ 세상을 이루는 작은 입자를 찾아서

- 옛날 사람들은 물질의 근원을 여러 가지로 생각했습니다.
- 모든 물질을 이루는 기본 물질은 더 이상 간단한 물질로 분해할 수 없는 원자입니다.

2. 두 번째 수업 _ 원자는 어떻게 생겼을까요?

- 물질을 구성하는 원자의 종류를 원소라고 하며, 지금까지 알려진 원소는 110종입니다.
- 원자는 운동장, 원자핵은 운동장에 떨어진 알사탕, 전자는 개미라고 할 수 있습니다.

3. 세 번째 수업 _ 원자는 왜 속이 텅 비었을까요?

- 원자는 너무 작습니다. 수소 원자의 지름은 0.00000001cm입니다.
- 원자 속의 원자핵과 전자는 원자에 비해 너무 작아 원자 속은 텅 빈 것처럼 보입니다.

4. 네 번째 수업 _ 원소들도 가족이 있어요

- 원자 속의 전자는 원자를 떠나기도 하지만 양성자는 항상 원자 속에 있습니다.

- 양성자의 수가 원자 번호이며, 원자 번호가 같은 원자는 같은 원소입니다.

5. 다섯 번째 수업 _ 분자들은 달리기 선수

- 움직이는 기체 분자는 25℃에서 1초에 50억 번 이상 다른 기체와 부딪히게 됩니다.
- 온도가 올라갈수록 가벼울수록 더 빠르게 움직입니다.

6. 여섯 번째 수업 _ 팔방미인 전자

- 마찰 전기가 생기는 것, 전기를 일으키는 것도 전자입니다.
- 원자와 원자를 묶어 분자를 만드는 것도 전자입니다.

7. 일곱 번째 수업 _ 원자가 이온으로 될 때

- 원자에서 전자가 떨어져 나간 것을 양이온이라고 하고 전자를 얻으면 음이온이 됩니다.
- 물속에서 이온을 내놓는 물질을 전해질이라고 하며 전해질은 전류가 통합니다.

8. 여덟 번째 수업 _ 이온들의 반응

- 물에서 수소 이온을 잘 만드는 분자를 산이라고 합니다.
- 수소 이온을 잘 빼앗아가는 분자를 염기라고 합니다.

9. 아홉 번째 수업 _ 전기와 전자, 그리고 플라스마

- 전기는 금속과 같은 전도체에서 전자들이 일정한 방향으로 흘러가는 현상입니다.
- 이온화된 기체가 플라스마이며 빛을 냅니다. 오로라도 플라스마입니다.

10. 열 번째 수업 _ 물을 낳는 원소와 물을 만나면 타는 금속

- 물에 녹기를 싫어하는 수소가 물을 만듭니다.
- 물을 만나면 보라색 불꽃을 내며 타는 금속은 칼륨입니다.

11. 열한 번째 수업 _ 탄소 형제와 산소 형제

- 다이아몬드를 태우면 남는 것이 없습니다. 다이아몬드는 탄소 결 정체입니다.
- 원자 상태의 산소는 굉장히 반응성이 커서 대부분의 물질을 산 화시킵니다. 균을 죽이기도 하고 얼룩을 하얗게 만들 수도 있습 니다.

12. 열두 번째 수업 _ 활발한 할로겐 가족

- 충치 예방에 쓰이는 플루오르(불소)와 소독약 염소는 할로겐 가족 입니다.
- 미역, 다시마 같은 해초에 많이 들어있는 요오드도 할로겐 가족입 니다.

13. 열세 번째 수업 _ 게으른 비활성 가족

- 헬륨 기체는 공기보다 소리를 3배로 빠르게 전달해서 목소리를 높게 만듭니다.
- 아르곤, 헬륨, 네온, 제논, 크립톤은 반응이 대단히 작은 비활성 기체들입니다.
- 햇빛의 살균력보다 1600배나 더 강한 자외선 살균기를 만드는 비 밀은 아르곤입니다.

돌턴의 원자 이야기와 관련되는 교과서에 등장하는 용어와 개념들입
니다.

1. 초등학교 6학년 – 1. 기체의 성질

- 이 단원의 목표는 공기도 부피와 무게를 가지고 일정한 공간을 차
  지하는 물질이며, 압력을 가하면 부피가 변하며 물에 용해된다는
  사실을 실험을 통해 알아보는 것입니다.

내용 정리

- 공기도 무게가 있습니다.
- 기체에 힘을 가하면 부피가 변합니다.
- 기체는 물에 녹습니다.

2. 중학교 1학년 – 5. 분자의 운동

- 이 단원의 목표는 증발과 확산 현상이 왜 일어나는지 추리하고 기
  체의 부피가 압력과 온도에 따라 어떻게 달라지는지 측정해 보는
  것입니다.

내용 정리

- 증발은 액체 표면에서 분자들이 공기 중으로 날아가는 현상입니다.
- 기온이 높고 습도가 낮을수록, 바람이 불수록, 표면적이 넓을수록
  증발이 잘 일어납니다.

- 분자들이 스스로 움직여 기체나 액체로 퍼져 나가는 현상을 **확산** 이라고 합니다.
- 온도가 높을수록, 질량이 작을수록, 기체일수록, 진공일수록 확산 속도가 빠릅니다.
- **압력**이란 단위 넓이에 수직으로 작용하는 힘의 크기입니다.
- 기체 분자들이 용기의 안쪽 벽에 충돌하면서 힘을 가하기 때문에 압력이 생기게 됩니다.
- 일정한 온도에서 기체의 부피는 압력에 반비례합니다.
- 일정한 압력에서 온도가 높아질수록 기체의 부피는 증가합니다.

3. 중학교 1학년 - 7. 상태변화와 에너지

- 이 단원의 목표는 열과 온도를 구별해 보고, 물질의 상태가 변할 때의 온도 변화를 측정함으로써, 상태변화 과정을 열에너지와 관련 짓고, 상태가 변하는 과정을 분자 운동으로 추리해 보는 것입니다.

내용 정리

- 물질의 상태가 변하려면 열에너지를 흡수하거나 방출해야 합니다.
- 열에너지는 분자들의 운동을 변화시켜 물질의 상태변화가 일어나게 합니다.
- 고체가 녹아 액체로 될 때(융해)에는 열에너지를 흡수하고, 액체가

고체로 응고할 때에는 열에너지를 방출합니다.

- 액체가 끓어 기체가 될 때에는 열에너지를 흡수하고, 기체가 액체로 액화할 때에는 열에너지를 방출합니다.

- 융해, 기화, 승화(고체→기체)할 때에는 주변으로부터 열에너지를 흡수하므로 온도를 낮출 수 있습니다.

- 응고, 액화, 승화(기체→고체)할 때에는 주변으로 열에너지를 방출하므로 온도를 높일 수 있습니다.

4. 중학교 3학년 - 3. 물질의 구성

- 이 단원의 목표는 물질을 이루고 있는 입자는 어떤 것이 있는지 배우고 원자와 분자의 모형으로 미시적 세계를 탐구하는 것입니다.

내용 정리

- 두 가지 물질이 반응하여 하나의 화합물을 만들 때 반응물질의 질량에 관계없이 반응하는 두 물질의 질량비는 항상 일정합니다(일정성분비의 법칙).

- 모든 물질은 더 이상 쪼갤 수 없는 입자인 원자로 이루어져 있습니다.

- 영국의 과학자 돌턴은 질량보존의 법칙과 일정성분비의 법칙을 설명하기 위하여 원자설을 발표하였습니다.

- 아보가드로는 기체반응의 법칙을 설명하기 위하여 분자설을 제안

하였습니다.

• 분자 모형은 원자설과 분자설에 따라 몇 개의 원자 모형을 결합하여 만든 모형입니다.

• 분자를 이루는 원자의 종류와 수를 원소기호로 나타낸 것이 분자식입니다.

• 화학반응을 원소기호로 이용하여 나타낸 식을 화학반응식이라고 합니다.

유클리드가 들려주는
기하학 이야기

책에서 배우는 과학 개념

도형의 성질과 관련되는 개념 및 용어

교육과정과의 연계

구분	과목명	학년	단원	연계되는 개념 및 원리
초등학교	수학	4학년 가, 나	4. 삼각형	전개도, 넓이, 부피
		5학년 가, 나	4. 직육면체	
		6학년 가	4. 원과 원기둥	
중학교	수학	1학년 나	3. 도형의 성질	다각형, 다면체
		3학년 나	3. 원의 성질	중심각, 원주각
고등학교	수학II	2학년	6. 공간도형과 공간좌표	삼수선, 이면각, 정사영, 구의 방정식

책 소개

《유클리드가 들려주는 기하학 이야기》는 기하학을 설명하고 있습니다. 기하학은 도형의 성질을 공부하는 학문이며 유클리드는 기원전 그리스 시대 최고의 기하학자입니다.

우리나라의 초등학생들은 도형의 성질이라는 이름으로 기하학을 배우고, 중학교에 들어가면 유클리드의 기하학을 매 학년 배우게 됩니다. 따라서 이 책은 중학교 기하학을 총정리하고, 초등학생들에게는 중학교 기하학을 미리 보게 하는 역할을 해 줍니다.

이 책의 장점

1. 초등학생들에게는 어렵게만 느껴졌던 수학의 도형 개념에 대한 정확한 이해에 많은 도움을 줍니다. 중학생들에게는 도형에 대한 완결판으로서 쉬운 부분부터 어려운 부분까지 알기 쉽게 잘 설명하고 있습니다.
2. 우리 주변에 존재하는 3차원의 세계, 즉 삼각형, 피타고라스의 정리, 원의 넓이, 구의 겉넓이, 구의 부피, 복잡한 도형의 넓이, 정다면체에 대한 설명이 쉽게 잘 정리되어 있습니다.

각 차시별 소개되는 과학(수학)적 개념

1. 첫 번째 수업 _ 삼각형의 내각의 합은 왜 180° 일까요?

- 기하학의 가장 중요한 주인공은 점, 선, 면, 입체입니다. 맞꼭지각은 서로 같으며, 평행선과 만나는 직선이 만드는 엇각과 동위각은 서로 같습니다. 따라서 □각형의 내각의 합은 $180° \times (□-2)$입니다.

2. 두 번째 수업 _ 삼각형의 합동

- 두 삼각형이 완전히 포개어질 때 두 삼각형이 합동이라고 합니다. 합동의 조건에는 SSS 합동 조건, SAS 합동 조건, ASA 합동 조건 등 3가지가 있습니다.

3. 세 번째 수업 _ 삼각형의 닮음

- 크기는 다르지만 모양이 닮은 삼각형은 서로 닮음 관계에 있습니다. 이 수업에서는 삼각형의 닮음 조건에 대하여 알아보고 있습니다.

4. 네 번째 수업 _ 피타고라스의 정리

- 직각삼각의 빗변의 길이와 다른 두 변의 길이 사이에는 어떤 관계가 있는지에 대하여 알아보고 있습니다. 즉 어떤 세 수에 대해서는 가장 큰 수의 제곱이 다른 두 수의 제곱의 합과 같지 않습니다. 하지만 3,4,5와 같은 세 수에 대해서는 가장 큰 수의 제곱이 다른 두 수의 제곱의 합과 같습니다. 이런 세 수를 피타고라스의 수라고 합니다.

5. 다섯 번째 수업 _ 원의 넓이는 어떻게 구하나요?

- 원둘레의 길이를 이용하여 원의 넓이를 구하는 방법과 원과 부채꼴의 넓이를 구하는 방법에 대하여 자세히 설명하고 있습니다. 원의 넓이를 구할 때 비례상수 3.14는 원주율이라고 하며 π라고 씁

니다.

6. 여섯 번째 수업 _ 구의 겉넓이는 얼마일까요?

- 원기둥이나 구와 같은 입체도형의 겉넓이는 어떻게 알 수 있을까요? 입체도형의 겉넓이에 대해서 자세히 설명하고 있습니다.

7. 일곱 번째 수업 _ 구의 부피는 어떻게 구할까요?

- 기본정육면체를 바탕으로 하여 직육면체, 사각기둥의 부피를 구합니다. 이어서 각뿔과 원뿔의 부피를 구하고 차례로 구의 부피를 구해 나갑니다.

8. 여덟 번째 수업 _ 복잡한 도형의 넓이 구하기

- 우리가 이미 알고 있는 도형의 넓이를 구하는 공식을 이용하여 복잡한 도형의 넓이를 구하는 방법을 알아봅니다. 히포크라테스의 초승달이라는 용어도 나옵니다.

9. 아홉 번째 수업 _ 정다면체는 몇 종류일까요?

- 정사면체, 정육면체처럼 모든 면이 같은 꼴의 정다각형으로 이루어진 입체도형을 정다면체라고 합니다. 정다면체는 5개입니다. 그 5개가 무엇인지 자세히 알아보면서 자세히 해설하고 있습니다.

이 책이 도움을 주는 관련 교과서 단원

유클리드의 기하학 이야기와 관련되는 교과서에 등장하는 용어와 개념들입니다.

1. 초등학교 4학년 가, 나 − 4. 삼각형

- 이 단원의 목표는 이등변 삼각형, 정삼각형의 특징을 알고 예각과 둔각을 알고 그려보는 것입니다. 또한 사다리꼴, 평행사변형, 마름모, 다각형과 정다각형을 이해하고 그 성질을 이해하는 것입니다.

내용 정리

- 두 변의 길이가 같은 삼각형을 **이등변삼각형**이라고 합니다.
- 직각보다 작은 각을 **예각**이라 하며, 직각보다 크고 180°보다 작은 각을 **둔각**이라 합니다.
- 마주보는 한 쌍의 변이 서로 평행인 사각형을 **사다리꼴**이라고 합니다.
- 마주보는 두 쌍의 변이 서로 평행인 사각형을 **평행사변형**이라고 합니다.
- 네 변의 길이가 모두 같은 사각형을 **마름모**라고 합니다.
- 선분으로만 둘러싸인 도형을 **다각형**이라고 합니다.

2. 중학교 1학년 − 3. 도형의 성질

- 이 단원의 목표는 우리 주위의 여러 가지 도형의 성질에 대하여 알아보는 것입니다. 도형 중에서도 평면도형과 입체도형의 성질을 이해하는 데 주안점을 둡니다. 여기서는 도형의 기본적인 성질들을 직관적으로 고찰하는 데 중점을 두고, 다각형에서는 볼록다각형만 다룹니다. 또한 입체도형에서는 정의에 의존하기보다는

구체적인 모형을 이용하여 직관적으로 관찰하도록 지도하고 있습니다.

3. 중학교 3학년 – 3. 원의 성질

- 이 단원의 목표는 원의 중심과 현 사이의 관계를 이해하며, 접선과 접점을 지나는 반지름과의 관계, 접선의 길이에 대하여 알고, 이를 증명하는 것을 배웁니다. 또한 원주각의 뜻을 알고 원주각과 중심각 사이의 관계를 이해하고, 이를 활용하는 법을 배웁니다.

- 원의 중심에서 현에 내린 수선은 그 현을 이등분합니다.
- 원에서 현의 수직이등분선은 그 원의 중심을 지납니다.
- 한 원에서 중심으로부터 같은 거리에 있는 현의 길이는 같습니다.
- 한 원에서 길이가 같은 현은 원의 중심으로부터 같은 거리에 있습니다.
- 원의 접선은 그 접점을 한 끝점으로 하는 반지름과 서로 수직입니다.
- 원의 외부에 있는 한 점에서 그 원에 그은 두 접선의 길이는 같습니다.
- 한 원에서 한 호에 대한 원주각은 무수히 많으나 크기는 모두 같습니다.
- 한 원에서 크기가 같은 원주각에 대한 호의 길이는 같습니다.
- 원에 내접하는 사각형에서 한 외각의 크기는 그 내대각의 크기와 같습니다.

리만이 들려주는
4차원 기하학 이야기

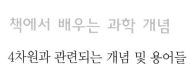

책에서 배우는 과학 개념

4차원과 관련되는 개념 및 용어들

교육과정과의 연계

구분	과목명	학년	단원	연계되는 개념 및 원리
초등학교	수학	4학년 가	4. 삼각형	전개도, 넓이, 부피
		4학년 나	5. 사각형과 도형 만들기	
		5학년 가	4. 직육면체	
		6학년 가	2. 각기둥과 각뿔	
중학교	수학	1학년 나	2. 기본 도형과 작도	회전체, 구, 뿔, 기둥
		3학년 나	3. 도형의 성질	
			4. 도형의 측정	
고등학교	수학Ⅱ	2학년	6. 공간 도형과 공간 좌표	내분점, 외분점, 구의 방정식

책 소개

《리만이 들려주는 4차원 기하학 이야기》는 4차원의 이야기를 설명하고 있습니다. 리만은 4차원의 기하뿐만 아니라 휘어진 공간에서 달라지는 기하학의 신비한 이론을 발표하기도 하였습니다. 이 책의 내용은 중·고등학교 교과과정에는 없어 조금 어렵게 느껴질 수도 있을 것입니다. 하지만 중학교 기하를 했다면 누구든 읽을 수 있습니다. 또한 공간 지각력이 있으면 4차원 도형의 성질을 쉽게 이해할 수 있습니다.

이 책의 장점

1. 초등학생들에게는 공간 지각력과 과학적 사고력 및 창의력 개발에 도움을 줍니다. 또한 중학생들에게는 기하의 원리를 이해하고 더 나아가 공간 지각력의 확대에 많은 도움을 줄 것입니다. 고등학생들에게는 12년간 초·중등 수학 교과의 기하학 및 도형의 성질을 정리하는 충실한 수능 도우미가 됩니다.

2. 눈으로 볼 수 없는 4차원의 도형의 성질을 이해하기 위해서 우리 생활 주변의 일들을 통해 사고력을 확장해 나가고 있습니다. 특히 리만 선생님의 설명을 따라가다 보면 4차원에 대한 이해가 확실해지고, 든든한 수학적 지식을 외우지 않고도 생생하게 내 것으로 만들 수 있게 됩니다.

각 차시별 소개되는 과학적 개념

1. 첫 번째 수업 _ 차원 이야기

- 0차원은 점이며, 1차원 도형은 길이를 가집니다. 면은 2차원이며, 정육면체는 입체이고 입체는 3차원 도형입니다. 입체의 크기는 부피라고 합니다. 4차원 정육면체는 초정육면체라고 합니다.

2. 두 번째 수업 _ 초정육면체

- 3차원의 정육면체를 4차원으로 확장한 것이 초정육면체입니다. 4차원 정육면체 즉, 초정육면체의 전개도는 8개의 정육면체로 이루어져 있습니다.

3. 세 번째 수업 _ 초기둥과 초뿔

- 각기둥과 각뿔을 4차원으로 확장한 도형이 초기둥과 초뿔입니다.

4. 네 번째 수업 _ 포앙카레 정리

- 각 차원의 도형의 점 · 선 · 면 · 입체 · 초입체의 개수들 사이에 어떤 관계가 성립하는지 알아보는 것입니다.

5. 다섯 번째 수업 _ 초구(4차원의 구)

- 2차원의 공을 원이라고 하며, 3차원의 공을 구라고 합니다. 마찬가지로 구는 한 평면에 놓여 있지 않은 4개의 점에 의해 결정되는데, 이런 식으로 확장하면 한 공간에 놓여 있지 않은 5개의 점에 의해 결정되는 초입체가 바로 초구입니다.

6. 여섯 번째 수업 _ 차원의 이동

- 3차원의 입체를 4차원 공간에서 이동하면 어떤 모습이 될까요? 낮은 차원에서 겹쳐지지 않는 도형이 좀 더 높은 차원에서는 겹쳐

질 수 있습니다.

7. 일곱 번째 수업 _ 휘어진 공간의 기하학

- 공간이 휘어지면 기하학이 어떻게 달라질까요? 곡면에서의 기하
학에 대해 그림을 곁들여 상세히 설명하고 있습니다.

8. 여덟 번째 수업 _ 곡률 이야기

- 곡선과 곡면의 휘어진 정도를 어떻게 나타낼까요? 반지름이 작을
수록 휘어진 정도가 크며, 이러한 원판의 반지름을 곡률 반지름이
라고 합니다. 가장 심하게 구부러진 곡선의 곡률을 m이라고 하고
가장 적게 구부러진 곡선의 곡률을 n이라고 하면 이 곡면의 곡률
K는 K=m×n으로 정의됩니다.

9. 아홉 번째 수업 _ 곡면의 기하학

- 곡면에서는 기하학이 어떻게 달라질까요? 양의 곡률을 가진 곡면
과 음의 곡면을 가진 곡면에 대하여 자세히 설명하고 있습니다.

이 책이 도움을 주는 관련 교과서 단원

리만의 기하학과 관련되는 교과서에 등장하는 용어와 개념들입니다.

1. 초등학교 5학년 가 – 4. 직육면체

- 이 단원의 목표는 직육면체의 특징을 파악하고, 면, 모서리, 꼭지
점, 직육면체, 정육면체를 구별할 수 있도록 하고 있습니다. 그리
고 직육면체의 겨냥도와 전개도를 이해하고 그릴 수 있는 것을 목
표로 합니다.

- 직육면체에서 마주보는 면끼리 계속 늘여도 만나지 않습니다. 또한 모서리가 만나서 이루는 각이 90°인 두 면은 서로 수직입니다.
- 직육면체의 모양을 잘 알 수 있게 그린 그림이 **겨냥도**입니다.
- 직육면체의 접는 부분은 점선으로, 자르는 부분은 실선으로 나타냅니다.

2. 초등학교 6학년 가 - 2. 각기둥과 각뿔

- 이 단원의 목표는 입체도형 중에서 각기둥을 알고 여러 가지 구성 요소를 이해하는 것입니다. 또, 각뿔을 알고 각뿔의 여러 가지 구성 요소를 이해하는 것입니다.

- 입체도형의 위와 아래에 있는 면이 서로 평행이고 합동인 다각형으로 이루어진 입체도형을 **각기둥**이라고 합니다.
- 밑면에 수직인 면을 **옆면**이라고 합니다.
- 각기둥에서 면과 면이 만나는 선을 **모서리**라 하고, 모서리와 모서리가 만나는 점을 **꼭지점**이라 하며, 두 밑면 사이의 거리를 **높이**라고 합니다.
- 각뿔에서 옆면을 이루는 모든 삼각형의 공통인 꼭지점을 각뿔의 꼭지점이라고 합니다.
- 각기둥의 모서리를 잘라서 펼쳐 놓은 그림을 각기둥의 전개도라고

합니다.

- 각뿔의 모서리를 잘라서 펼쳐 놓은 그림을 각뿔의 전개도라고 합니다.

3. 중학교 1학년 - 2. 기본 도형과 작도

- 이 단원의 목표는 기본 도형이 가지는 점, 선, 면, 각에 대한 간단한 성질을 배우고, 점, 직선, 평면의 위치 관계를 배우는 것입니다. 또한 간단한 도형을 작도하고 삼각형의 합동 조건을 알게 합니다.

내용 정리

- 선과 선 또는 면과 선이 만나서 생기는 점을 교점이라 하고, 면과 면이 만나서 생기는 선을 **교선**이라고 합니다.
- 직선은 모양과 크기가 없고 방향만 있습니다.
- 반직선은 시작하는 점과 방향에 따라 다릅니다.
- 선분 AB는 양 끝점 A, B와 그 사이에 있는 직선의 부분으로 양 끝점 A, B가 반드시 포함됩니다.
- 두 직선이 한 점에서 만날 때, 그 점을 꼭지점으로 하는 각이 6개 생기는데 그중에서 평각을 제외한 각을 **교각**이라고 합니다.
- 두 직선이 한 점에서 만날 때 생기는 교각 중에서 이웃하지 않은 두 각을 **맞꼭지각**이라고 합니다.
- 평행선과 다른 한 직선이 만날 때, 동위각의 크기는 같습니다.
- 두 직선과 다른 한 직선이 만날 때, 동위각의 크기가 서로 같으면 그 두 직선은 서로 평행합니다.

4. 중학교 3학년 - 3.도형의 성질

• 이 단원의 목표는 원의 중심과 현 사이의 관계를 이해하며, 접선
과 접점을 지나는 반지름과의 관계와 접선의 길이에 대하여 알고,
이를 증명하는 것을 배우는 것입니다. 또한 원주각과 중심각 사이
의 관계를 이해하고, 이를 활용하는 법을 배웁니다.

내용 정리

• 원의 중심에서 현에 내린 수선은 그 현을 이등분합니다.

• 원에서 현의 수직이등분선은 그 원의 중심을 지납니다.

• 한 원에서 중심으로부터 같은 거리에 있는 현의 길이는 같습니다.

• 한 원에서 길이가 같은 현은 원의 중심으로부터 같은 거리에 있습
니다.

• 원의 접선은 그 접점을 한 끝점으로 하는 반지름과 서로 수직입니다.

• 원의 외부에 있는 한 점에서 그 원에 그은 두 접선의 길이는 같습
니다.

• 한 원에서 한 호에 대한 원주각은 무수히 많으나 크기는 모두 같습
니다.

• 한 원에서 크기가 같은 원주각에 대한 호의 길이는 같습니다.

• 원에 내접하는 사각형에서 한 외각의 크기는 그 내대각의 크기와
같습니다.

맥스웰이 들려주는
전기자기 이야기

책에서 배우는 과학 개념

전기 자기와 관련되는 개념 및 용어들

교육과정과의 연계

구분	과목명	학년	단원	연계되는 개념 및 원리
초등학교	과학	3학년 1학기	2. 자석놀이	자기, 자기력선
		4학년 1학기	3. 전구에 불켜기	전기, 직렬, 병렬
		5학년 2학기	6. 전기회로 꾸미기	전기회로, 전류
		6학년 1학기	7. 전자석	자기장
중학교	과학	2학년	7. 전기	전하, 정전기
		3학년	6. 전류의 작용	전기에너지
고등학교	과학	1학년	2. 에너지	전기에너지
	물리Ⅰ	2학년	2. 전기와 자기	전기 저항
	물리Ⅱ	3학년	2. 전기장과 자기장	전기장, 직류회로

책 소개

《맥스웰이 들려주는 전기자기 이야기》는 전기와 자기에 대한 모든 결과를 친절하게 설명하고 있습니다. 이 책의 주 내용은 중학교 과학의 전기와 자기에 관한 내용이지만 전기와 자기 현상은 초등학교 고학년에서도 나오므로 초등학생들부터 읽을 수 있을 것입니다. 이 책은 이 주변에서 볼 수 있는 여러 가지 전기기구의 원리를 알기 쉽게 분석하고 있습니다.

이 책의 장점

1. 초등학생들에게는 전기와 자기에 대한 기초 이론을 제공해 줌으로써 과학적 사고력 확장과 창의력 개발에 도움을 줍니다. 중학생들에게는 중학교 과학의 전기와 자기에 대한 이야기가 전반적으로 설명되어 있으므로 각종 시험에 대비한 총정리를 할 수 있습니다. 고등학생들에게는 12년간 초·중등 과학 교과서의 총정리와 충실한 수능 도우미가 됩니다.

2. 우리 생활 주변의 전기와 자기에 대한 이야기와 이론에 대해 맥스웰 선생님과 실제로 실험해 보는 듯 설명하고 있습니다. 이를 통해 전기와 자기에 대한 과학적 지식을 외우지 않고도 생생하게 내 것으로 만들 수 있는 기회를 제공해 줍니다.

3. 초등학교 과학과 교육과정의 전기 단원과 중학교에서 배우는 여러 가지 전기와 자기에 대해 학습할 수 있습니다.

각 차시별 소개되는 과학적 개념

1. 첫 번째 수업 _ 전기는 왜 생길까요?

- 두 물체를 마찰하면 전기를 띠게 되는데 이것을 정전기 또는 마찰전기라고 합니다. 전기는 두 종류가 있는데, 하나는 양(+)의 전기이고 다른 하나는 음(-)의 전기입니다. 물체와 물체가 마찰하면 둘 중 하나는 양의 전기를 띠고 다른 하나는 음의 전기를 띠게 됩니다.

2. 두 번째 수업 _ 쿨롱의 법칙

- 전기를 띤 두 물체가 어느 거리만큼 떨어져 있을 때 두 물체 사이의 전기력은 두 물체의 전하량의 곱에 비례하고 떨어진 거리의 제곱에 반비례한다는 것을 쿨롱의 법칙이라고 합니다.

3. 세 번째 수업 _ 번개는 왜 생길까요?

- 번개의 불빛은 땅으로 내려오는 전자들이 공기와 충돌하여 발생하는 빛입니다. 번개와 전기는 어떤 관계에 있으며, 벼락으로부터 건물을 보호하는 피뢰침의 원리는 무엇일까요?

4. 네 번째 수업 _ 전류란 무엇일까요?

- 전자가 도선을 따라 흐르는 것을 전류라고 합니다. 또한 전류를 흐르게 하는 능력을 전압이라고 합니다.

5. 다섯 번째 수업 _ 옴의 법칙

- 전기의 저항은 전류의 흐름을 방해하는 장치입니다. 또한 저항은 전자들의 흐름을 방해하는 정도를 나타냅니다. 저항은 도선의 길이가 길어질수록, 온도가 높을수록 커지게 됩니다. 저항의 연결에는 직렬연결과 병렬연결의 두 가지가 있습니다.

6. 여섯 번째 수업 _ 자석 이야기

• 자석에는 어떤 원리가 숨어 있을까요? 자석의 양끝을 자기극이라고 하는데 이 부분의 자기력이 가장 셉니다. 또한 막대자석의 자기력선의 방향은 N극에서 나와 S극으로 들어가는 모습이라고 생각하면 됩니다.

7. 일곱 번째 수업 _ 전류가 자석을 만들어요

• 전류를 이용하여 만든 자석을 전자석이라고 합니다. 전자석의 자기장의 세기는 같은 길이에 도선이 많이 감길수록 커집니다. 전자석이 막대자석에 비해 좋은 점이 있는데, 그것은 막대자석은 자기장의 세기가 항상 일정하나 전자석은 얼마든지 자기장의 세기를 크게 할 수 있다는 것입니다.

8. 여덟 번째 수업 _ 모터는 어떤 원리에 의해 돌까요?

• 전류가 자기장 속에서 받는 힘은 (자기력)=(전류)×(자기장)×(금속봉의 길이)로 나타내는데 바로 이 힘이 모터가 회전하는 원리입니다.

9. 아홉 번째 수업 _ 발전기의 원리

• 자기장을 이용하여 전류를 만드는 방법은 무엇일까요? 전자기 유도와 발전기의 원리를 알아보면 발전기란 어떤 방법을 이용하든 닫힌 회로를 회전시키는 장치입니다. 수력발전은 높은 곳에서 떨어지는 물의 힘으로, 화력발전은 석탄이나 석유를 태운 증기로 회전시키며, 풍력발전은 바람의 힘으로 닫힌 고리를 회전시켜 전기를 얻습니다.

이 책이 도움을 주는 관련 교과서 단원

전기자기 이야기와 관련되는 교과서에 등장하는 용어와 개념들입니다.

1. 초등학교 3학년 1학기 – 2. 자석놀이

- 이 단원의 목표는 여러 가지 물체에서 자석에 붙는 것과 붙지 않는 것이 있음을 구분하고 자석에 붙는 것들의 공통점을 찾는 것입니다. 또한 자석에는 서로 다른 두 가지 종류의 극이 있음을 찾아낼 수 있고, 같은 극 사이에는 밀어내는 힘이, 서로 다른 극 사이에는 끌어당기는 힘이 작용함을 이해하는 것입니다.

내용 정리

- 자석에는 붙는 것과 붙지 않는 것이 있습니다.
- 자석의 극은 N, S극으로 나타냅니다.
- 같은 극끼리는 서로 밀어 내고 다른 극끼리는 서로 끌어당깁니다.
- 자석을 이용하여 남과 북의 방향을 찾을 수 있습니다.

2. 초등학교 6학년 1학기 – 7. 전자석

- 이 단원의 목표는 나침반을 이용하여 전류가 흐르는 전선 주위에 자기장이 생김을 확인하고, 전류의 방향에 따라 자기장의 방향이 바뀜을 경험하게 하는 것입니다. 또한 전류의 세기와 도선의 감은 횟수에 따라 전자석의 세기가 달라짐을 알게 하는 것입니다.

- 에나멜선에 전류가 흐를 때 나침반의 바늘의 방향이 바뀝니다.
- 전자석과 막대자석의 차이점을 구분합니다. 즉 전자석은 일시자석 이지만 힘의 크기를 달리할 수 있습니다. 그러나 막대자석은 영구 자석으로 힘의 크기를 달리할 수 없습니다.
- 에나멜선의 감은 횟수와 전자석의 세기는 깊은 관련이 있습니다.
- 전자석은 원할 때 자석이 되도록 할 수 있습니다.
- 전자석은 자석의 극을 마음대로 바꿀 수 있습니다.
- 전자석은 세기를 조절할 수 있습니다.

3. 중학교 3학년 – 6. 전류의 작용

- 이 단원의 목표는 전열기에서 열이 발생하는 까닭과 전기 기구에 서 소비하는 것은 무엇인지 알아봅니다. 또한 자석 주위에 있는 철가루의 모습은 어떤지 살펴보고, 전류가 흐르는 도선에 나침반 을 가까이 하면 어떤 변화가 있는지를 알아봅니다.

내용 정리

- 도선의 전기저항은 도선의 길이가 길수록, 도선의 단면적이 좁을 수록 큽니다.
- 금속 도체는 전류가 흐르게 되면 자유전자와 원자의 충돌로 온도 가 올라가게 됩니다. 이때 온도가 상승하여 원자의 진동이 활발해 지면 자유전자의 이동이 더욱 방해를 받게 되므로 금속 도체의 전

기저항이 커지게 됩니다.

- 4.2J의 일을 하면 1cal의 열이 발생하는데 이를 열의 일당량 (=4.2J/cal)이라고 합니다.

- 니크롬선은 니켈과 크롬의 합금으로 고온으로 가열되어도 쉽게 무르게 되지 않으며 이러한 특성으로 전열기나 저항선으로 많이 쓰입니다.

- 전력의 단위는 W(와트)를 사용하며 이것은 J/s와 같습니다.

- 자기장의 방향을 따라 선으로 나타낸 것을 자기력선이라고 합니다.

- 자기력선은 서로 교차하거나 끊어지지 않습니다.

- 자기장이 센 곳에서는 자기력선의 간격이 좁게 나타납니다.

- 원형 전류의 중심에서 자기장의 세기는 도선에 흐르는 전류가 강할수록, 원의 반지름이 작을수록 큽니다.

페르마가 들려주는
정수론 이야기

책에서 배우는 과학(수학) 개념

자연수, 정수와 관련되는 개념 및 용어들

교육과정과의 연계

구분	과목명	학년	단원	연계되는 개념 및 원리
초등학교	수학	5학년 가	1. 배수와 약수	음의 양수, 배수
중학교	수학	1학년 가	2. 정수와 유리수	정수, 유리수
고등학교	수학	1학년 가	2. 수의 체계	실수, 복소수

책 소개

《페르마가 들려주는 정수론 이야기》는 페르마의 정수에 대하여 설명하고 있습니다. 정수에는 자연수가 포함되어 있고, 정수론은 자연수, 그중에서도 1과 자신만을 약수로 갖는 소수에 대한 연구입니다. 우리나라의 초등학생들은 자연수에 대해 많은 내용을 배우지만 소수의 신비에 대해서는 잘 알지 못합니다. 페르마 선생님은 아홉 번의 강의를 통해 소수가 어떤 구조로 되어 있는가를 상세하게 잘 설명해 줍니다. 이 책의 주 내용은 중학교 1학년의 정수의 성질과 관계되지만 자연수의 성질에 관심 있는 초등학교 고학년들에게도 도움이 됩니다.

이 책의 장점

1. 초등학생들에게는 자연수와 정수에 대한 기초 개념을 중학생들에게는 정수와 관련된 수학의 핵심을 정확히 전달해 주어 수의 기초에 대한 개념을 정확하게 알려 줍니다. 또한 중간·기말고사의 완벽한 대비가 될 수 있습니다.
2. 페르마 교수는 참석한 어린이들에게 질문을 하며 간단한 일상 속의 실험을 통해 자연수와 정수의 성질에 대해 가르치고 있습니다. 따라서 자연수의 기본 성질과 정수론에 대해 심도 있는 공부가 될 것입니다.

각 차시별 소개되는 과학(수학)적 개념

1. 첫 번째 수업 _ 자연수 이야기

- 자연수는 짝수와 홀수로 나눌 수 있습니다. 짝수의 일반 꼴은 2×□이고, 홀수의 일반 꼴은 2×□-1입니다. 또한 어떤 수와 0의 덧셈은 그 수 자신이며, 수학에서 어떤 수를 0으로 나누는 것은 존재하지 않습니다.

2. 두 번째 수업 _ 나머지 이야기

- 자연수를 자연수로 나누면 몫과 나머지가 나타납니다. 물론 특별한 경우에는 나머지가 없을 수도 있습니다.

3. 세 번째 수업 _ 배수 이야기

- 배수에는 어떤 특정한 규칙이 있습니다. 예를 들면 일의 자리수가 0이면 10의 배수이고, 일의 자리의 수가 0.5이면 5의 배수입니다. 4의 배수, 8의 배수, 7의 배수에는 어떤 규칙들이 있을까요?

4. 네 번째 수업 _ 약수와 소수 이야기

- 어떤 수를 나누어 나머지가 생기지 않게 하는 수를 주어진 수의 약수라고 하며, 1과 자기 자신만을 약수로 가지는 수를 소수라고 합니다.

5. 다섯 번째 수업 _ 완전수와 메르센 소수

- 진약수들의 합이 원래의 수와 같아지는 수를 완전수라고 하며, 진약수의 합이 원래의 수보다 큰 수를 초과수, 진약수의 합이 원래의 수보다 작아지는 수를 부족수라 합니다.

메르센 소수는 2^9-1의 형태로 표시되는 소수이며 컴퓨터를 이용하여 찾습니다.

6. 여섯 번째 수업 _ 페르마의 정리

- 소수 p가 자연수 n의 약수가 아니면 n^{p-1}은 p로 나눈 나머지가 1인 수입니다.

7. 일곱 번째 수업 _ 공약수·공배수 이야기

- 두 수의 약수 중 공통인 수를 공약수라 하고, 두 수의 배수 중 공통인 수를 공배수라고 합니다. 공약수 중에서 가장 큰 수를 최대공약수라 하고, 공배수 중에서 가장 작은 수를 최소공배수라고 합니다.

8. 여덟 번째 수업 _ 진법 이야기

- 한 자리 올라갈 때마다 자리의 값이 10배가 되는 수의 체계를 십진법이라고 합니다. 0과 1만으로 모든 수를 나타내는 방법을 이진법이라고 합니다.

9. 아홉 번째 수업 _ 정수 이야기

- 0보다 작은 수를 음수라고 하고, 자연수와 달리 '+' 부호가 붙어 있는 수를 양수라고 합니다. 자연수에 '-' 부호를 붙인 수들과 자연수와 0을 합쳐 정수라고 합니다.

이 책이 도움을 주는 관련 교과서 단원

자연수, 정수와 관련되는 교과서에 등장하는 용어와 개념들입니다.

1. 초등학교 5학년 가 - 1. 배수와 약수

- 이 단원의 목표는 자연수의 범위에서 배수와 약수를 정의하고, 곱의 관계에서 배수와 약수의 관계를 이해하는 것입니다. 또, 두 자연수의 공약수와 공배수가 무엇인지 배우고 최대공약수와 최소공배수를 구하는 것입니다.

내용 정리

- 어떤 수를 1배, 2배, 3배 …… 한 수를 어떤 수의 **배수**라고 합니다.
- 어떤 수를 나누어떨어지게 할 때 나누어떨어지는 수를 어떤 수의 **약수**라고 합니다.
- 어떤 두 수의 공통인 약수를 **공약수**라고 합니다.
- 어떤 두 수의 공통된 배수를 **공배수**라고 합니다.
- 공약수 중에서 가장 큰 수를 **최대공약수**라고 합니다.
- 공배수 중에서 가장 작은 수를 **최소공배수**라고 합니다.

2. 중학교 1학년 가 - 2. 정수와 유리수

- 이 단원의 목표는 정수와 유리수의 개념과 대소 관계를 배우고, 정수와 유리수의 사칙계산의 원리를 이해하고 올바르게 계산하는 법을 익히는 것입니다.

내용 정리

- 자연수와 양의 정수는 일치하며, 음의 정수는 양의 정수에 대응되는 개념으로 확장된 것입니다.
- '+'는 양의 부호 즉, 양수를 나타내고, '-'는 음의 부호 즉 음수를 나타내며, 플러스, 마이너스라고 읽습니다.
- 분자와 분모가 모두 정수인 분수로 나타낼 수 있는 수를 **유리수**라고 합니다.
- 수직선 위에서 어떤 수를 나타내는 점과 원점 사이의 거리를 그 수의 **절대값**이라고 합니다.
- 곱셈에서 곱하는 두 수의 순서를 바꾸어 곱하여도 그 결과는 같으며, 이를 **곱셈의 교환법칙**이라고 합니다.
- 세 수의 곱셈에서는 어느 두 수의 곱셈을 먼저 하여도 그 결과는 같다. 이것을 **곱셈의 결합법칙**이라고 합니다.

톰슨이 들려주는
줄기세포 이야기

책에서 배우는 과학 개념

줄기세포의 뜻과 종류, 만드는 방법, 이용할 수 있는 일과 문제점

교육과정과의 연계

구분	과목명	학년	단원	연계되는 개념 및 원리
초등학교	과학	5학년 1학기	7. 식물의 잎이 하는 일	기공, 현미경
중학교	과학	1학년	1. 생물의 구성(세포)	세포
		3학년	1. 생식과 발생	세포분열, 생식, 발생
고등학교	생물 I	2학년	7. 생식	수정, 발생
	생물 II	3학년	1. 세포의 특성	세포구조, 기능
			3. 생명의 연속성	세포분열
			5. 생물학과 인간의 미래	생명공학, 생명윤리

책 소개

《톰슨이 들려주는 줄기세포 이야기》는 줄기세포의 모든 것에 대해 알려주는 내용입니다. 수업이 진행되는 동안 줄기세포의 뜻과 종류, 줄기세포를 만드는 방법, 줄기세포를 이용하여 할 수 있는 일과 문제점, 복제 인간을 만드는 방법과 복제 인간의 문제점 등을 자연스럽게 배울 수 있습니다. 또한 이 책을 통하여 생명공학에 관심을 가지고 더불어 생명의 신비를 느낄 수 있습니다.

이 책의 장점

1. 중학생들에게 생명의 신비와 줄기세포의 의미를 정확하게 전달해 주며, 중간·기말고사의 완벽한 대비가 될 수 있습니다. 고등학생들에게는 12년간 초·중등 과학 교과서의 총정리와 충실한 수능 도우미가 됩니다.
2. 톰슨 선생님이 우리 생활 주변의 일들을 활용하여 무궁무진하게 발전할 가능성이 높은 생명공학 분야에 대해 자세히 설명해 주십니다. 줄기세포와 관련된 과학적 지식을 외우지 않고도 생생하게 내 것으로 만들 수 있는 기회를 제공해 줍니다.

각 차시별 소개되는 과학적 개념

1. 첫 번째 수업 _ 세포란 무엇일까요?

• 우리 몸을 구성하고 있는 세포의 종류는 심장세포, 간세포, 피부세포, 적혈구, 백혈구 등이며 종류에 따라 각각 모양과 크기가 다릅니다.

2. 두 번째 수업 _ 무엇이 생물의 특징을 결정할까요?

• 생물의 고유한 특징을 결정하는 것은 염색체 속에 들어 있는 유전자입니다. 사람의 세포 핵 안에는 46개의 염색체가 들어 있습니다. 우리 몸을 이루고 있는 세포들은 그 역할과 관련된 유전자만 사용합니다.

3. 세 번째 수업 _ 아기는 어떻게 생길까요?

• 아기는 엄마의 난자와 아빠의 정자가 만나 수정란이 되어서 시작됩니다. 세포가 분열하면서 머리와 팔다리 등의 모습을 갖추게 되는 시기는 수정된 후 8주가 되었을 때입니다. 그래서 8주 이전인 시기에는 배아라고 하고, 8주 이후부터는 태아라고 부릅니다.

4. 네 번째 수업 _ 줄기세포란 무엇일까요?

• 줄기세포는 우리 몸을 구성하는 모든 세포들을 만들 수 있는 세포를 말합니다. 성인의 몸에 존재하는 줄기세포를 성체줄기세포라고 합니다. 성체줄기세포와 달리 배아줄기세포는 정자와 난자의 결합으로 만들어진 수정란에서 얻을 수 있습니다.

5. 다섯 번째 수업 _ 각 줄기세포의 특징을 알아볼까요?

• 줄기세포에는 배아줄기세포와 성체줄기세포 두 종류가 있습니다. 성체줄기세포는 이미 한 가지 종류의 세포만 만들도록 운명이 정해져 있습니다. 배아줄기세포는 수정란으로부터 만들어지기 때문

에 우리 몸을 구성하는 모든 종류의 세포를 만들 수 있습니다.

6. 여섯 번째 수업 _ 줄기세포를 만들어 볼까요?

- 배아줄기세포는 시험관 아기를 얻을 목적으로 만들어졌다가 더 이상 사용하지 않고, 없어질 운명의 냉동 배아를 부부의 동의를 받아 사용하게 됩니다. 잘라낸 내부 세포 덩어리는 여러 조직으로 분화되는 것을 막으면서 계속 세포분열만 일어나도록 특수한 환경을 만들어 줍니다. 이렇게 해서 키우면 줄기세포의 수가 늘어나게 되어 다른 접시에 나누어 옮겨서 키웁니다. 이와 같은 과정을 계속 반복하면 많은 양의 배아줄기세포를 얻을 수 있습니다.

7. 일곱 번째 수업 _ 줄기세포로 할 수 있는 일은 무엇일까요?

- 병에 걸린 세포를 건강한 세포로 바꿉니다. 척추의 손상이나 노인성 치매 또는 알츠하이머 병을 치료하는 데 사용될 수 있습니다. 장기이식에 생기는 여러 가지 문제들 역시 줄기세포를 이용해서 해결할 수 있습니다.

8. 여덟 번째 수업 _ 줄기세포의 문제점은 무엇일까요?

- 배아줄기세포를 만들기 위해서는 냉동배아가 필요합니다. 냉동배아를 녹여 어머니의 자궁에 넣어 주면 새 생명으로 자랄 수 있습니다. 배아줄기세포 만드는 것을 반대하는 사람들은 줄기세포를 만드는 것이 하나의 생명을 파괴하는 것이기 때문에 연구를 해서는 안 된다고 주장합니다. 반대로 배아줄기세포 만드는 것을 찬성하는 사람들은 어차피 버려질 냉동배아를 부모의 동의를 얻어 이용했기 때문에 문제가 되지 않는다고 이야기합니다.

9. 아홉 번째 수업 _ 복제 인간은 어떻게 만들어질까요?

- 복제 배아를 이용해서 복제 인간을 만들 수 있습니다. 난자의 핵을 빼낸 다음 체세포에 있는 핵을 넣어 줍니다. 이 수정란은 체세포를 제공한 사람과 같은 유전자를 가지고 있습니다. 핵을 뽑아낸 난자에 체세포의 핵을 넣어 준 다음 전기충격을 줍니다. 전기충격을 주면 난자와 체세포의 핵이 하나로 합쳐집니다. 이것이 복제 배아입니다. 복제 배아 줄기세포를 만드는 데 문제점도 많이 있습니다.

10. 열 번째 수업 _ 복제 인간이 왜 문제가 되죠?

- 아무리 재능이 있는 사람의 유전자를 복제하여 복제 인간을 만든다 하더라도 그 재능까지 그대로 타고날 수는 없습니다. 인간 복제에는 여러 가지 기술적인 문제도 많습니다. 배아를 복제하는 과정도 무척 어렵고, 성공 확률도 낮지만, 복제 배아를 여성의 몸속에 넣어 태아로 자라게 하는 것도 매우 어렵습니다. 우리 몸을 조절하는 유전자들의 종류가 많고, 작용하는 방법도 다양하기 때문에 태아가 자라는 과정 중에 조금이라도 이상이 있을 경우 정상적인 아이가 태어나지 않을 수도 있습니다.

이 책이 도움을 주는 관련 교과서 단원

생물의 구성, 생식에 관련되는 교과서에 등장하는 용어와 개념들입니다.

1. 중학교 1학년 - 1. 생물의 구성

- 이 단원의 목표는 생물을 구성하는 기본 단위인 세포에 대한 인식을 바르게 하고, 세포를 관찰할 때 사용하는 현미경의 구조와 각 부분의 이름과 기능을 익히는 데 있습니다.

내용 정리

- **세포**는 생물의 몸을 이루는 기본 단위입니다.
- 세포는 일반적으로 크기가 매우 작기 때문에 현미경을 사용하여야 관찰할 수 있습니다.
- 세포는 생물을 구성하는 기본단위이며, 일반적으로 원형질과 후형질로 구성되어 있습니다.
- 현미경의 배율은 대물렌즈의 배율에 접안렌즈의 배율을 곱한 값입니다.
- 현미경으로 물체를 관찰하려면 재료를 얇게 잘라 프레파라트를 만들어야 합니다.

2. 중학교 3학년 - 1. 생식과 발생

- 이 단원의 목표는 세포의 구조와 특성, 세포분열, 염색체 수의 변화, 염색체의 기능 등에 대해서 알아보고, 체세포와 생식세포의 차이점과 하는 일에 대하여 알아보는 것입니다. 또한 생물이 종족을 유지하는 방법에는 무성생식과 유성생식이 있음을 알고 그 차이점이 무엇인지를 학습하게 됩니다.

- 한 개의 세포가 둘로 나누어지는 과정을 **세포분열**이라고 하며,이 때 분열하기 전의 세포를 **모세포**라고 하고, 분열 후에 생긴 작은 세포를 **딸세포**라고 합니다.
- 동물의 생식세포는 난자와 정자이며, 식물의 생식세포는 난세포와 화분입니다. 생식세포를 제외한 다른 세포는 모두 **체세포**입니다.
- 체세포 분열과정은 전기, 중기, 후기, 말기인데 그중에서 시간이 가장 짧은 시기는 중기이며, 염색체가 세포 중앙에 배열됩니다.
- 같은 종의 생물끼리는 염색체 수가 같습니다. 체세포 속에 들어 있는 염색체 중 한 쌍은 암수를 결정하는 성염색체이고, 나머지는 상염색체입니다.
- 염색체에는 유전 형질을 결정하는 유전물질(DNA)이 들어 있으며, 형질을 결정하는 기본 단위를 유전자라고 합니다.
- 한 가지 형질을 결정하는 유전자는 2개씩 들어 있는데, 상동 염색체의 각 염색체에 1개씩 같은 위치에 들어 있습니다.

3. 고등학교 생물 – 3. 생명의 연속성

- 이 단원의 목표는 사람의 생식기관, 임신과 출산에 관련된 생명의 신비에 대해 알아보는 것입니다. 또한, 정자와 난자가 생성되는 과정을 설명하고 정자와 난자의 차이점에 대해서 학습합니다.

- 난자가 정자를 만나 수정이 되면 자궁에서 태아로 자랍니다.
- 남성은 남성호르몬(안드로겐), 여성은 여성호르몬(에스트로겐)만 생성하는 것이 아니라, 남성은 두 호르몬 중 남성호르몬을 다량 생성하면서 소량의 여성호르몬을 생성하고 여성은 그 반대입니다.
- 정자와 난자의 형성 과정의 공통점은 감수 분열에 의해 형성되며, 염색체 수가 체세포의 반이 됩니다. 차이점은 1개의 생식원 세포로부터 정자는 4개, 난자는 1개 형성된다는 것입니다. 정자는 수시로, 난자는 주기적으로 생성되며 정자는 다수, 난자는 보통 1개씩 생성됩니다.
- 수정란에서 기관이 형성되기 전인 신경배까지를 배아라 부르고, 수정 후 약 2개월이 지나 각 기관의 형성이 완성되면서부터 태아라고 부릅니다.

호이겐스가 들려주는 파동 이야기

책에서 배우는 과학 개념

파동과 관련되는 개념 및 용어들

교육과정과의 연계

구분	과목명	학년	단원	연계되는 개념 및 원리
초등학교	과학	3학년 2학기	6. 소리내기	소리전달
		5학년 1학기	1. 거울과 렌즈	반사, 굴절
중학교	과학	1학년	2. 빛	반사, 굴절, 합성
			12. 파동	물결파
고등학교	과학	1학년	2. 에너지	파동에너지
	물리 I	2학년	3. 파동과 입자	간섭, 회절

책 소개

《호이겐스가 들려주는 파동 이야기》는 주변에서 흔히 볼 수 있는 파동의 여러 가지 성질에 대하여 아홉 번의 수업을 통해 쉽게 이해하도록 설명하고 있습니다. 이 책은 게임을 통해 파동을 이해할 수 있는 독특한 수업방법을 채택하고 있습니다. 물에 돌을 던졌을 때 만들어지는 파동에서부터 우리가 서로 말을 주고받을 때 만들어지는 소리(음파)까지 자세히 다루고 있습니다.

이 책의 장점

1. 초등학생들에게는 파동에 대한 과학적 사고력 확장과 창의력 개발에 도움을 주고 있습니다. 중학생들에게는 빛과 관련된 파동 이야기를 들려주어 각종 시험의 완벽한 대비가 될 수 있으며, 고등학생들에게는 파동과 입자의 정확한 개념과 아울러 파동에 관련된 종합적 사고력을 길러 주고 있습니다.

2. 우리 생활 주변의 일들을 통한 탐구실험 활동을 친절한 호이겐스 선생님과 실제로 해보는 듯하며 든든한 과학적 지식을 외우지 않고도 생생하게 내 것으로 만들 수 있는 기회를 제공해 줍니다.

3. 초등학교 3학년, 5학년 과학과 교육과정에 있는 소리내기와 거울과 렌즈에 대한 단원과 중학교에서 배우는 빛과 파동과 연계하여 학습할 수 있습니다.

각 차시별 소개되는 과학적 개념

1. 첫 번째 수업 _ 파동이란 무엇인가요?

- 어느 한 지점의 진동이 옆으로 퍼지는 현상이 파동입니다. 또한 한 점을 중심으로 방향을 바꾸어 왔다 갔다 하는 운동은 진동입니다. 파동에서 진동을 전달하는 물질을 매질이라고 합니다.

2. 두 번째 수업 _ 아이들이 만드는 파동 댄스

- 파동의 마루가 움직이는 방향을 파동의 진행 방향이라고 합니다. 단위 시간 동안 움직인 속도를 파동의 속도라고 합니다. 일반적으로 파동의 속도는 매질이 단단할수록 커집니다.

3. 세 번째 수업 _ 소리는 파동인가요?

- 소리는 음파라고 부르는 파동입니다. 사람들이 들을 수 있는 소리의 진동수는 20Hz에서 20000Hz 사이입니다. 그러므로 진동수가 20Hz보다 작은 소리는 들을 수 없는데 이것을 초저파라고 합니다. 마찬가지로 20000Hz보다 큰 진동수를 가진 소리도 사람이 들을 수 없는데 이것을 초음파라고 합니다.

4. 네 번째 수업 _ 호이겐스 원리가 뭔가요?

- 파동의 마루를 이어 준 곡선 혹은 곡면을 파면이라고 합니다. 이 파면이 시간에 따라 그 다음 파면을 형성하는 원리를 호이겐스 원리라고 합니다.

5. 다섯 번째 수업 _ 파동은 어떻게 반사되나요?

- 소리는 1초에 340m를 움직입니다. 소리의 반사를 메아리라고 합니다. 단단한 벽과 부딪친 소리는 소리의 세기가 많이 줄어들지

않지만 부드러운 벽과 부딪힌 소리는 벽에 소리가 많이 흡수되어 반사된 소리의 세기가 크게 줄어들게 됩니다.

6. 여섯 번째 수업 _ 파동의 굴절

- 파동이 다른 매질을 지나갈 때 파동이 꺾이는 현상을 파동의 굴절 이라고 합니다. 소리는 공기의 진동이 퍼져 나가는 파동입니다. 소리도 굴절하며 소리의 굴절은 온도와 관계 있습니다.

7. 일곱 번째 수업 _ 파동의 간섭

- 두 파동이 만나서 원래의 파동보다 진폭이 커지는 것을 보강간섭 이라고 하며, 두 파동이 더해져서 사라지는 현상을 소멸간섭이라 고 합니다. 파동이 진행 도중 장애물을 만나거나 좁은 틈을 지날 때 장애물의 뒷부분까지 전달되는 현상을 파동의 회절이라고 합 니다.

8. 여덟 번째 수업 _ 제자리에 서 있는 파동도 있나요?

- 오른쪽으로도 왼쪽으로도 움직이지 않는 파동을 정상파라고 합 니다.

9. 아홉 번째 수업 _ 도플러 효과란 무엇일까요?

- 듣는 사람으로부터 멀어지는 파동의 진동수는 작아지고 가까이 오는 파동의 진동수는 커지는 현상을 도플러 효과라고 합니다.

이 책이 도움을 주는 관련 교과서 단원

파동과 관련되는 교과서에 등장하는 용어와 개념들입니다.

1. 초등학교 3학년 2학기 - 6. 소리내기

- 이 단원의 목표는 학생들이 청각이라는 감각기관을 이용하여 소리의 개념을 이해하고, 폐품을 이용한 놀이 활동을 통하여 다양한 음색, 높이, 크기의 소리를 내어보고 소리의 원리를 실제로 적용해 보는 데 두고 있습니다.

내용 정리

- 소리가 나는 물체는 진동에 의하여 소리가 납니다.
- 소리는 음색, 크기, 높낮이로 구분할 수 있습니다.
- '맑은 소리', '탁한 소리' 등과 같이 표현되는 음색은 높이, 크기, 길이가 같은 두 음을 구분하게 하는 고유의 독특한 성질입니다.
- 큰 소리, 작은 소리 등으로 표현되는 소리의 세기는 물리학적으로 소리가 가지는 에너지로 정의됩니다.
- 소리의 세기는 음파의 진폭과 관계되며, 데시벨(dB) 단위를 사용합니다.

2. 초등학교 5학년 1학기 - 1. 거울과 렌즈

- 이 단원의 목표는 빛의 반사 및 굴절과 관련된 현상을 거울과 렌즈를 통하여 관찰하고 반사, 굴절, 물체의 상에 대한 기본 개념을 형성하는 것입니다.

내용 정리

- 거울에 들어간 빛이 거울 면과 이루는 각도와 거울에서 나온 빛이 거울 면과 이루는 각도는 같습니다.
- 오목거울은 빛을 한 점으로 모으고, 볼록거울은 빛을 퍼지게 합니다.
- 볼록렌즈로 본 물체는 크게 보입니다.
- 오목렌즈로 본 물체는 작게 보입니다.
- 볼록렌즈로 본 물체는 거꾸로 보입니다.
- 오목렌즈로 본 물체는 바로 보입니다.
- 두 가지 렌즈 모두 멀리 있는 물체가 작게 보입니다.

3. 중학교 1학년 - 9. 파동

- 이 단원의 목표는 파동의 발생과 전파, 파동의 종류에 대하여 학습하고, 소리는 어떻게 생겼는가를 파동의 이론으로 설배우는 것입니다. 또한 소리는 어떻게 나아가는지에 대한 전달 과정에 대하여 학습합니다.

내용 정리

- 파동은 매질, 즉 파동을 전해 주는 물질의 진동 방향에 따라 종파와 횡파로 나뉩니다.
- 매질은 파동을 전달해 주는 물질로서 물결파의 매질은 물이고, 용수철 파동의 매질은 용수철입니다.
- 진폭은 세로축에서의 최대값이고, 진동수는 매질이 1초 동안 진동

하는 횟수입니다.

• 소리의 세기, 높이, 맵시를 소리의 3요소라고 합니다. 소리의 높이
  는 진동수로, 소리의 세기는 진폭으로 구별하며, 소리의 맵시는 파
  동의 모양으로 구별합니다.

• 파동이 반사될 때 파동의 속도, 파장, 진동수는 변하지 않습니다.

• 파동은 진행하다가 다른 매질을 만나면 경계면에서 속력이 변하고
  진행 방향이 꺾입니다. 이러한 현상을 파동의 굴절이라고 합니다.

퀴리 부인이 들려주는
방사능 이야기

책에서 배우는 과학 개념

방사능이 왜 나오는지에 대한 원리 이해

교육과정과의 연계

구분	과목명	학년	단원	연계되는 개념 및 원리
초등학교	과학	3학년 2학기	2. 빛의 나아감	빛
중학교	과학	1학년	12. 파동	파동
		2학년	7. 전기	전하, 형광등
고등학교	물리 I	2학년	3. 파동과 입자	파동

책 소개

《퀴리 부인이 들려주는 방사능 이야기》는 방사능에 대한 모든 것을 알수 있게 해 주는 책입니다. 위대한 물리학자들이 일상 속 실험을 통해그 원리를 하나하나 설명해 가는 방식으로 그들의 위대한 물리 이론을 초등학생들부터 이해할 수 있도록 서술하고 있습니다. 퀴리 부인은 원자핵에 양성자와 중성자가 사는 모습을 호텔 객실에 비유하여 방사선이나오는 과정을 재미있게 설명하고 있습니다. 또한 퀴리 부인은 방사능에 대한 물리적인 내용을 학생들과 아홉 번의 만남으로 친절하게 설명해 줍니다.

이 책의 장점

1. 초등 물리 영재에게 추천할 만한 책으로 방사선의 원리를 쉽게 설명하고 있습니다. 중학생들에게는 방사능에 대한 물리적 지식을 보다 쉽게 전해 줄 수 있으며, 고등학생들에게는 파동과 입자에 관련된 알파선, 베타선, 감마선에 대한 이해를 높여 줍니다.

2. 방사능이라는 무시무시한 단어를 퀴리 부인이 친절한 설명을 통해익숙하게 만들어 주고, 방사능과 관계된 과학적 지식을 생생하게내 것으로 만들 수 있는 기회를 제공해 줍니다.

3. 마지막 부분에 실린 창작 동화 '방사선으로부터 지구를 지켜라' 는 본문에서 다룬 방사선에 대한 내용을 토대로 지어 쉽고 재미있게학습할 수 있습니다.

각 차시별 소개되는 과학적 개념

1. 첫 번째 수업 _ 눈에 안 보이는 빛

- 눈에 보이는 빛을 가시광선이라고 합니다. 눈에 보이지 않는 빛은 적외선입니다. 빛은 파동인데 파장이 긴 빛도 있고, 파장이 짧은 빛도 있습니다.

2. 두 번째 수업 _ 형광등의 원리

- 기체를 넣어 여러 가지 색깔을 나타내는 방전관을 네온사인이라고 합니다. 형광등은 방전관 속에 수은 기체를 넣어서 만듭니다. 눈에 보이지 않는 빛을 받아 눈에 보이는 빛을 내는 현상을 형광이라 하고 그런 물질을 형광 물질이라고 합니다.

3. 세 번째 수업 _ X선은 무엇인가요?

- 보통의 가시광선이 뚫고 지나갈 수 없는 장애물을 뚫고 지나가는 능력을 방사능이라고 합니다. 이 능력을 가진 빔을 방사선이라고 합니다. X선은 방사선입니다.

4. 네 번째 수업 _ 천연 방사선 물질이 있을까요?

- 천연 물질인 우라늄은 방사능을 가지고 있습니다. 여기서 나오는 방사선은 종이를 뚫을 수 있는 능력이 있습니다. 라듐에도 방사능이 훨씬 강한 물질이 들어 있습니다.

5. 다섯 번째 수업 _ 원자핵 호텔 이야기

- 모든 물질은 원자로 이루어져 있습니다. 원자는 원자핵과 그 주위를 돌고 있는 전자로 이루어져 있습니다. 핵 속에는 양의 전기를 띠고 있는 양성자와 전기를 띠고 있지 않은 중성자가 있습니다.

양성자와 중성자는 핵 안에 살고 있기 때문에 이들을 합쳐 핵자라고 합니다.

6. 여섯 번째 수업 _ 감마방사선

- 방사선(감마방사선)에는 알파(α), 베타(β), 감마(γ)선의 세 종류가 있는데, 그 중 가장 투과력이 강한 것이 감마선입니다.

7. 일곱 번째 수업 _ 베타방사선

- 베타선(베타방사선)을 이루는 것은 전자들입니다. 원자핵은 전자들을 방출하면서 다른 원자핵으로 바뀌게 됩니다. 즉, 중성자가 양성자로 변하는 과정을 베타반응이라고 합니다. 이때 튀어나오는 전자들이 베타선인데, 이렇게 베타선을 방출하여 안정된 원자핵으로 바뀌는 동위원소를 방사선 동위원소라고 합니다.

8. 여덟 번째 수업 _ 알파방사선

- 알파선(알파방사선)은 양성자, 중성자가 두 개씩 달라붙어 있는 헬륨핵으로 이루어져 있습니다. 특정 조건을 만족하는 헬륨핵을 이루어 물질들이 빠져나오게 되는데 그것이 알파반응입니다. 즉 알파반응을 하면 원소는 중성자와 양성자가 각각 두 개씩 줄어들게 됩니다.

9. 아홉 번째 수업 _ 원자력과 방사능

- 원자폭탄이나 원자력 발전은 핵분열 과정입니다. 핵분열이 일어나면 열이 발생합니다. 하지만 이 반응에서 나오는 열에너지는 그리 크지 않습니다. 이 반응에서 아주 큰 에너지를 얻게 하기 위해서는 연쇄 반응 즉, 도미노원리를 적용합니다. 순간적으로 많은 우라늄 원자핵이 쪼개지면서 엄청난 에너지가 발생하게 되는데

이것을 연쇄핵분열이라고 합니다. 그럼 원자폭탄과 원자력 발전소의 차이는 무엇일까요? 이 책을 잘 읽어 보면 알 수 있습니다.

이 책이 도움을 주는 관련 교과서 단원

퀴리 부인의 방사능 이야기와 관련되는 교과서에 등장하는 용어와 개념들입니다.

1. 초등학교 3학년 2학기 - 2. 빛의 나아감

- 이 단원의 목표는 빛이 있어야 볼 수 있다는 것, 빛이 공간에서 나아간다는 것과 중간에 물체가 있으면 나아가는 것을 방해받는다는 것, 그리고 직선상에서 빛이 전파한다는 것을 이해하는 것입니다.

내용 정리

- 빛을 내는 물체를 **광원**이라고 합니다.
- 투명한 물질을 사용하면 속이 보여서 편리한 경우가 있고, 불투명한 물질을 사용하여 편리한 경우도 있습니다.
- 그림자가 생기려면 빛이 있어야 합니다.
- 그림자는 빛을 비추는 각도, 위치에 다라 여러 가지 모양이 나타납니다.
- 광원과 물체 사이의 거리에 따라 그림자의 크기는 달라집니다.
- 물체와 막 사이의 거리에 따라 그림자의 크기가 달라집니다.
- 모든 빛은 곧게 나아갑니다.

2. 고등학교 물리 - 3. 파동과 입자

• 이 단원의 목표는 우리 주변에서 경험할 수 있는 파동의 종류와 이용, 파동에너지, 전자기파, 파동의 속력 측정 등에 대한 심화 과정을 학습합니다.

내용 정리

• 파동의 요소는 파장, 진폭, 진동수, 주기입니다. 파장은 마루와 마루 사이의 거리를 말하며 매질이 한 번 진동하는 동안 파동이 이동한 거리에 해당됩니다.

• 파장이 길고, 장애물의 틈이 좁을수록 회절이 잘 일어납니다.

• 파동의 종류에는 횡파와 종파가 있습니다.

• 파동의 이용으로는 감마선의 경우 품종 개량, 질병 치료에 많이 쓰이고, 전파의 경우 방송이나 휴대전화 등에 많이 쓰입니다.

• 파동에너지는 전파되는 거리의 제곱에 반비례합니다.

• 안테나는 파동의 중첩 원리를 이용하여 파동을 모아 파동의 세기를 세게 하여 수신하는 것입니다.

디오판토스가 들려주는
방정식 이야기

책에서 배우는 과학 개념

방정식을 이용하여 어려운 문제를 해결하는 방법

교육과정과의 연계

구분	과목명	학년	단원	연계되는 개념 및 원리
중학교	수학	1학년 가	3. 일차방정식	$ax+b=0$(단, $a\neq0$)
		2학년 가	3. 방정식	연립방정식
		3학년 가	3. 이차방정식	$ax^2+bx+c=0$(a, b, c는 상수, $a\neq0$)
고등학교	수학	1학년 가	4. 방정식과 부등식	이차방정식
		1학년 나	1. 도형의 방정식	평면좌표, 직선과 원의 방정식
	수학II	2학년 가	1. 방정식과 부등식	분수방정식, 무리방정식

《디오판토스가 들려주는 방정식 이야기》는 일차방정식의 많은 활용 문제를 다루고 있습니다. 초등학교나 중학교 수학에서 가장 많이 활용되는 속력이나 농도에 대한 문제를 방정식을 이용하여 해결하는 방법을 쉽게 배울 수 있도록 꾸몄습니다. 또한 연립방정식과 이차방정식에 대해서도 쉽게 설명하고 있습니다. 초등학생들의 경우 방정식에 대한 수업을 미리 공부할 수 있습니다. 책의 마지막 부분에 방정식을 이용하여 여러 범죄를 해결하는 이쿠스의 지혜가 돋보이는데, 이는 동화를 통해 앞의 강의 내용을 총정리할 수 있습니다.

이 책의 장점

1. 초등학교 수학 영재들에게 방정식의 개요를 설명함으로써 수에 대한 사고의 확장을 가져올 수 있습니다. 중학생들에게는 연립방정식과 이차방정식에 대해서 아주 쉽게 설명하고 있으며 연립방정식의 경우 표를 이용하여 푸는 방법과 비교함으로써 연립방정식의 의미를 잘 설명해 주고 있습니다.

2. 방정식은 문장으로 주어진 많은 수학 문제에서 어떤 값을 구해야 할 때 이용합니다. 디오판토스 선생님은 방정식의 개념을 차근차근히 설명함으로써 수학적 지식을 외우지 않고도 생생하게 내 것으로 만들 수 있는 기회를 제공해 줍니다.

각 차시별 소개되는 과학적 개념

1. 첫 번째 수업 _ 등식의 성질

- 등호가 있는 식을 등식이라고 합니다. 등식의 양변에 같은 수를 곱해도 등식은 변하지 않습니다. 또한 양쪽을 같은 수로 나누어도 등식이 달라지지 않습니다.

2. 두 번째 수업 _ 일차방정식이란 무엇일까요?

- 미지수의 일차항만을 포함하는 방정식을 일차방정식이라고 합니다. 방정식을 만족하는 미지수의 값을 방정식의 해 또는 근이라고 합니다.

3. 세 번째 수업 _ 일차방정식을 이용하는 문제

- 속력이나 농도와 같은 많은 문제들은 일차방정식을 이용해서 구합니다.

4. 네 번째 수업 _ 연립방정식을 푸는 방법

- 미지수가 2개인 방정식은 연립방정식의 방법을 응용하여 문제를 해결합니다. 2개의 미지수가 만족하는 2개의 일차방정식 세트를 연립방정식이라고 합니다.

5. 다섯 번째 수업 _ 연립방정식을 이용하는 문제

- 미지수가 2개인 방정식은 연립방정식의 방법을 응용하여 문제를 해결합니다. 물론 두 미지수의 값을 결정하려면 두 미지수가 만족하는 2개의 조건이 필요합니다. 즉, 두 조건은 2개의 미지수 x, y로 나타내어 연립방정식을 만들고 이를 풀어 x, y의 값을 결정합니다.

6. 여섯 번째 수업 _ 이차방정식 풀어보기

- 이차방정식은 x의 2차항을 포함하는 방정식입니다. 이차방정식의 해를 구하기 위해서는 몇 가지 공식을 알아야 합니다. 분배법칙, 교환법칙 등이 있으며 이차식을 2개의 일차식의 곱으로 나타낸 인수분해도 있습니다.

7. 일곱 번째 수업 _ 이차방정식의 근의 공식

- 주어진 이차방정식의 a, b, c 값을 알기만 하면 언제든지 두 근을 구할 수 있습니다. 이것을 이차방정식의 근의 공식이라고 합니다. 어떤 이차방정식은 인수분해를 이용하는 것이 편리하기도 합니다.

8. 여덟 번째 수업 _ 이차방정식을 사용하는 문제

- 문제의 조건 속에서 미지수의 제곱이 나타나는 경우는 이차방정식을 이용하여 문제를 해결합니다.

9. 아홉 번째 수업 _ 황금비

- 옛날 그리스 사람들은 가장 아름다운 가로와 세로의 비율을 황금비라고 정의하였습니다. 황금비의 비율은 대개 1.6 : 1 정도가 됩니다.

이 책이 도움을 주는 관련 교과서 단원

디오판토스의 방정식 이야기와 관련되는 교과서에 등장하는 용어와 개념들입니다.

1. 중학교 2학년 1학기 - 4. 방정식과 부등식

- 이 단원의 목표는 미지수가 2개인 연립일차방정식과 그 해의 뜻을 알고, 연립방정식을 이용하여 여러 가지 문제를 해결하는 것입니다. 또한 부등식과 그 해의 뜻을 알고 부등식의 성질을 이해하며, 일차부등식, 연립부등식을 이용하여 여러 가지 문제를 해결하는 것입니다.

내용 정리

- 미지수가 2개이고 차수가 1인 방정식을 미지수가 2개인 **일차방정식**이라고 합니다.
- 미지수가 2개인 두 일차방정식을 미지수가 2개인 **연립일차방정식** 또는 **연립방정식**이라고 합니다.
- 미지수가 2개인 연립방정식을 푸는 과정에서 미지수가 1개인 일차방정식으로 만들기 위하여 한 미지수를 없애는 것을 그 미지수를 소거한다고 합니다. 또 두 일차방정식을 변끼리 더하거나 빼어서 한 미지수를 소거하여 연립방정식의 해를 구하는 방법을 **가감법**이라고 합니다.
- 부등호를 사용하여 수 또는 식의 대소 관계를 나타낸 식을 **부등식**이라고 합니다.
- 두 일차부등식을 동시에 만족시키는 x의 값을 구할 때, 두 일차부등식을 한 쌍으로 묶어 한 형태로 나타낸 것을 **연립일차부등식** 또는 간단히 **연립부등식**이라고 합니다.

2. 중학교 3학년 1학기 – 3. 이차방정식

- 이 단원의 목표는 이차방정식의 뜻과 해의 뜻을 알고 인수분해를 하여 이차방정식을 풀 수 있게 하는 것입니다. 또한 중근의 뜻을 알고, 제곱근을 이용하여 이차방정식을 풀게 하며, 완전제곱식을 이용하여 이차방정식을 풀 수 있게 하는 것입니다.

내용 정리

- (X에 관한 이차식)=0의 모양으로 정리할 수 있는 방정식을 X에 관한 **이차방정식**이라고 합니다.

- x에 관한 이차방정식은 $ax^2+bx+c=0$ (a, b, c는 상수, a≠0)의 꼴로 나타냅니다.

- 이차방정식의 두 근이 중복되어 있을 때, 이 근을 주어진 이차방정식의 **중근**이라고 합니다.

- $ax^2+c=0$과 같은 모양의 이차방정식을 풀 때에는 이것을 $x^2=k$ (k≥0)와 같은 모양으로 고쳐서 k의 제곱근을 구합니다.

- x에 관한 이차방정식 $ax^2+bx+c=0$의 근은

$$x=\frac{-b\pm\sqrt{b^2-4ac}}{2ac}$$ (단, b²-4ac≥0)입니다.

레오나르도 다 빈치가 들려주는
양력 이야기

책에서 배우는 과학 개념

양력과 관련되는 개념 및 용어들

교육과정과의 연계

구분	과목명	학년	단원	연계되는 개념 및 원리
초등학교	과학	6학년 2학기	1. 물속에서의 무게와 압력	수압, 부력
중학교	과학	2학년	2. 물질의 특성	밀도
고등학교	화학 I	2학년	1. 주변의 물질	공기

책 소개

《레오나르도 다 빈치가 들려주는 양력 이야기》는 양력에 대하여 설명하고 있습니다. 이 책을 읽어 나가면 양력에 대한 의미와 인류가 양력을 이끌어 내고 응용한 근거를 이해할 수 있습니다. 그러면서 창의적인 생각의 중요성을 느끼게 됩니다.

이 책의 장점

1. 초등학생들에게는 과학적 사고력 확장과 창의력 개발에 도움을 주고, 중학생들에게는 창의적 사고와 직접적인 연관이 있는 '생각하는 힘'을 길러주게 됩니다.
2. 우리 생활 주변의 일들을 통해 탐구실험 활동을 레오나르도 다 빈치 선생님과 실제로 해보는 듯하며 확실한 과학적 지식을 외우지 않고도 생생하게 내 것으로 만들 수 있는 기회를 제공해 줍니다.
3. 초등학교 6학년 과학과 교육과정에 있는 물속에서의 무게와 압력 대한 단원과 중학교에서 배우는 물질의 특성, 특히 밀도와 연계하여 학습할 수 있습니다.

각 차시별 소개되는 과학적 개념

1. 첫 번째 수업 _ 나는 걸 꿈으로만 간직했던 시절

• 날개가 없는 인간이 하늘을 날 수 있을까요? 깃털 없이도 하늘을

날 수 있는 방법을 알아봅니다. 인간의 날고자 하는 꿈이 얼마나 강렬했으며, 또 그걸 이루는 일이 얼마나 어려운 것이었는지 이카로스의 신화에 잘 나타나 있습니다.

2. 두 번째 수업 _ 날개를 이용하는 글라이더

- 하늘을 난 최초의 사람은 누구였을까요? 하늘을 날기 위해서는 우선 날개가 있어야 합니다. 날개를 이용한 비행, 이 꿈을 이루기 위해서 처음 만든 항공기가 글라이더 였습니다. 글라이더에 대한 본격적인 연구와 비행의 역사를 연 사람은 독일의 릴리엔탈 형제입니다.

3. 세 번째 수업 _ 라이트 형제와 플라이어호 그리고 비행기 엔진

- 라이트 형제는 글라이더를 사용한 시험 비행, 연을 이용한 바람의 흐름 파악, 공기가 항공기에 와 닿았을 때의 변화를 꼼꼼히 분석하고 수정하는 작업을 통하여 1903년 12월 17일, 미국 노스캐롤라이나 주의 키티호크 해안의 킬데빌 언덕에서 플라이어호의 성공적 실험비행을 하였습니다.

4. 네 번째 수업 _ 비행기 날개와 양력

- 새가 비행할 수 있는 것은 날개 때문이며, 더욱 중요한 것은 공기가 있어야 한다는 점입니다. 공기가 날개를 밀어 올려서 비행기를 떠올려 주는 힘을 양력이라고 합니다.

5. 다섯 번째 수업 _ 베르누이의 정리와 받음각

- 유체의 빠르기와 압력은 반비례한다는 것이 베르누이의 정리입니다. 공기가 빠르게 흐르면 압력은 약해지고, 공기가 느리게 흐르

면 압력은 강해집니다. 비행기의 날개가 각을 세우는 것을 받음각을 높인다고 합니다.

6. 여섯 번째 수업 _ 베르누이 정리의 이용

- 유체의 속력이 증가하면 압력은 감소하는 실험은 두 배가 처음에는 상당히 떨어져서 나란히 달렸지만, 베르누이의 원리에 따라 나중에는 불가피하게 옆면 충돌을 하게 될 수밖에 없음을 잘 보여주고 있습니다. 야구 경기에서 투수가 던지는 변화구에도 베르누이의 원리가 적용됩니다.

7. 일곱 번째 수업 _ 헬리콥터와 양력

- 수직으로 떠오르는 헬리콥터의 비밀은 공기의 양력과 관계가 깊습니다. 헬리콥터는 머리 위의 주 날개와 꼬리 부분의 꼬리날개의 운동법칙에 의존하여 날게 됩니다.

8. 여덟 번째 수업 _ 사람은 왜 날지 못할까요

- 멋지고 큰 날개만 있다고 해서 새가 공중으로 떠오를 수 있는 것은 아닙니다. 날아오르기 위해서는 강력한 힘이 필요합니다. 새는 잘 발달한 날갯죽지의 튼튼한 근육 덕택에 힘찬 날갯짓을 연거푸 할 수 있지만, 사람은 그렇지 못합니다.

9. 아홉 번째 수업 _ 새의 날개와 양력

- 새가 하늘을 떠오르려고 할 때 날갯짓을 하고, 위 날갯짓보다 아래 날갯짓을 더욱 힘차게 하는 것은 양력을 얻기 위해서입니다. 새가 일단 하늘에 떠오르면 관성을 이용하여 쉽게 날 수 있습니다.

레오나르도 다 빈치의 양력 이야기와 관련되는 교과서에 등장하는 용어
와 개념들입니다.

1. 초등학교 과학 6학년 2학기 − 1. 물속에서의 무게와 압력

- 이 단원의 목표는 물속과 공기 중에서 물체의 무게를 재어 비교함
  으로써 물속에서 부력이 작용하고 있다는 것을 체험하는 것입니
  다.

내용 정리

- 물속에서 무게가 적게 나갑니다.
- 물체마다 무게가 가벼워진 정도가 다릅니다.
- 물체가 물에 잠긴 부피가 클수록 물체의 무게가 더 가벼워집니다.
- 힘이 작용하는 면적이 좁아지면 압력이 커집니다.

2. 중학교 2학년 − 2. 물질의 특성

- 이 단원의 목표는 물질의 녹는 온도에 따른 구별과 상태변화를 관
  찰하고 겉보기의 성질을 이용하여 물질을 구별하는 학습을 합니
  다. 또한 물질에 따라 끓는점이 다른 까닭은 물질을 이루고 있는
  입자 사이의 인력이 다르기 때문임을 학습합니다.

내용 정리

- 눈, 코, 입 등의 감각기관을 이용하여 알아볼 수 있는 물질의 성질을 겉보기 성질이라고 하며, 색깔, 냄새, 맛, 촉감, 굳기, 결정 모양 등이 있습니다.
- 물질의 물리적 특성은 물질의 본질을 변화시키지 않으면서 측정할 수 있는 성질입니다.
- 물질의 화학적 특성은 빛, 열, 약품 등에 의해 물질의 본질이 변할 때 나타나는 성질입니다.
- 물질에 따라 녹는점이나 어는점이 다른 까닭은 물질을 이루고 있는 입자 사이의 인력이 다르기 때문입니다.
- 밀도는 물질의 질량을 부피로 나눈 값으로 물질에 따라 고유한 값을 가지므로 물질을 구별할 수 있는 특성이 됩니다.

3. 고등학교 화학 – 1. 주변의 물질

- 이 단원의 목표는 물에 녹았을 때 전기가 통하는 물질과 전기가 통하지 않는 물질을 구별하며, 이온의 생성 과정을 전자의 이동으로 설명할 수 있게 하는 것입니다.

내용 정리

- 주변의 물질 중에서 전해질과 비전해질을 찾을 수 있습니다. 전해질은 물에 녹았을 때 전류가 흐르는 물질을 말하며, 비전해질은 물에 녹았을 때 전류가 흐르지 않는 물질을 말합니다.

- 강한 전해질은 물에 녹아 대부분 이온화하는 전해질을 말합니다.
- 약한 전해질은 물에 녹아 일부분만 이온화하는 전해질을 말합니다.
- 원자의 구성 입자는 원자핵 속에 들어 있는 양성자 수와 전자수가 항상 같으므로 모든 원자는 전기적으로 중성입니다.
- 중성 원자가 전자를 잃고 양이온이 되면 입자의 크기가 작아지고, 전자를 얻어 음이온이 되면 입자의 크기가 커집니다.
- 이온(ion)은 그리스어로 '간다'는 뜻으로 19세기 말에 스웨덴의 과학자 아레니우스에 의해 그 존재가 확인되었습니다.

아르키메데스가 들려주는
부력 이야기

책에서 배우는 과학 개념

부력과 관련되는 개념 및 용어들

교육과정과의 연계

구분	과목명	학년	단원	연계되는 개념 및 원리
초등학교	과학	6학년 1학기	1. 기체의 성질	공기의 성질
		6학년 2학기	1. 물속에서의 무게와 압력	수압, 부력
중학교	과학	1학년	10. 힘	중력
		2학년	2. 물질의 특성	밀도, 부피와 질량
			6. 혼합물의 분리	밀도
고등학교	화학 II	3학년	1. 물질의 상태와 용액	기체, 액체, 고체 용해, 용해도

책 소개

《아르키메데스가 들려주는 부력 이야기》는 아르키메데스의 부력에 대한 이야기를 설명하고 있습니다. 부력이라고 하면 무조건 물과 연관 짓는 경우가 많은데, 공기도 부력과 뗄 수 없는 관계에 있습니다. 물과 공기에 부력이 왜 생기고 물과 공기의 부력을 어떤 식으로 유용하게 이용해 왔는지 읽어 나가면서 창의적인 생각의 필요성과 중요성을 깨닫게 됩니다.

이 책의 장점

1. 초등학생들에게는 과학적 사고력 확장과 창의력 개발에 도움을 주고, 중학생들에게는 중간·기말고사에 충분히 대비할 수 있으며, 영재 교육에 필요한 창의적 생각의 터전을 마련해 줍니다. 고등학생들에게는 교과서의 총정리 역할을 충실히 합니다.

2. 탐구실험 활동을 통해 생활 주변에서 흔히 볼 수 있는 과학적 지식인 부력에 대하여 정확히 이해하게 됩니다. 이렇게 배운 과학적 지식을 외우지 않고도 생생하게 내 것으로 만들 수 있는 기회를 제공해 줍니다.

3. 초등학교 6학년 과학과 교육과정에 있는 기체의 성질, 물속에서의 무게와 압력 단원과 중학교에서 배우는 물질의 특성에 대한 내용을 성실히 설명하고 있습니다.

각 차시별 소개되는 과학적 개념

1. 첫 번째 수업 _ 물 도우미와 부력

- 물은 아래에서 위로 물체를 떠올려 주는 힘을 지니고 있습니다. 부력을 처음으로 알아낸 과학자가 아르키메데스입니다. 중력은 지구가 지구 중심 쪽으로 잡아당기는 힘입니다. 지구상의 모든 물체에는 부력과 중력이 작용하고 있습니다.

2. 두 번째 수업 _ 부력이 생기고, 부력이 위로 작용하는 까닭

- 부력이 생기고, 부력이 항상 위쪽으로 작용하는 바탕에는 수압의 원리가 깔려 있습니다. 위와 아래에 놓인 바닷물이 작용하는 수압의 차이 때문에 알짜 수압이 결국은 위로 떠오르게 하는 부력을 낳게 됩니다.

3. 세 번째 수업 _ 유레카, 유레카

- 유레카(Eureka)는 그리스어로 '발견했다'는 뜻입니다. 왕관의 진위 여부를 가리키는 재미있는 이야기가 소개되고 있습니다.

4. 네 번째 수업 _ 아르키메데스의 원리 1

- 모양이 불규칙한 물체의 부피 계산 : 흘러넘친 물을 비커 같은 데 모아다가 그 물의 부피를 측정하면 됩니다.

5. 다섯 번째 수업 _ 아르키메데스의 원리 2

- 물에 잠긴 물체는 위로 향하는 부력을 받으며, 그때의 부력은 밖으로 흘러넘친 물의 무게와 똑같습니다. 밀도를 달리하여 물체를 띄울 수 있습니다.

6. 여섯 번째 수업 _ 유체와 파스칼의 원리

- 흐르는 특성을 보이는 기체와 액체를 통칭해서 유체라고 합니다. 유체의 한 곳을 누른 압력은 모든 곳, 모든 방향으로 그대로 전달되어서 단면적에 비례하는 힘을 얻는다는 것이 파스칼의 원리입니다.

7. 일곱 번째 수업 _ 공기의 부력과 기구

- 유체는 액체만이 아니라 기체도 부력을 낳습니다. 공기의 부력은 공중으로 떠오르게 해 줄 수 있습니다. 그래서 공기의 부력으로 기구를 뜨게 할 수 있습니다. 기구 속에 바구니를 매달고 그 속에 사람을 태우면 기구와 함께 날아오를 수 있습니다.

8. 여덟 번째 수업 _ 열기구와 가스기구

- 기구가 떠오를 수 있는 이유는 기구 안이 가벼워졌기 때문입니다. 기구 속을 가볍게만 해 주면 기구는 자연스럽게 떠오를 수 있습니다. 기구의 내부를 가볍게 하는 방법은 첫째, 뜨거운 공기를 집어넣는 것이고, 둘째, 가벼운 기체를 넣는 것입니다.

9. 아홉 번째 수업 _ 가고자 하는 방향으로 갈 수 있는 비행선

- 바람의 힘을 이기고 나갈 수 있는 동력을 얻어 엔진을 단 것이 비행선의 탄생입니다. 1852는 프랑스의 지파르는 증기기관을 정착하고 프로펠러를 단 비행선을 처음 만들었습니다. 비행선은 유선형으로 만들어졌는데, 이는 바람의 저항을 적게 받기 위함입니다.

10. 열 번째 수업 _ 비행선 폭발의 교훈

- 1937년 5월 화려한 비행선이었던 힌덴부르크호가 폭발하고 말았습니다. 힌덴부르크의 폭발 원인은 비행선의 몸통을 가득 채운 가

스에 있었습니다. 힌덴부르크호는 수소를 사용했는데, 수소는 약한 불꽃에도 폭발하는 위험한 특성이 있기 때문이었습니다.

이 책이 도움을 주는 관련 교과서 단원

아르키메데스의 부력이야기와 관련되는 교과서에 등장하는 용어와 개념들입니다.

1. 초등학교 6학년 2학기 – 1. 물속에서의 무게와 압력

- 이 단원의 목표는 물속과 공기 중에서 물체의 무게를 재어 비교함으로써 물속에 부력이 작용함을 체험하게 하는 것입니다. 이러한 부력 때문에 물체가 뜨고 가라앉는 것을 이해하며 구명조끼, 배 등 일상생활의 상황을 예로 들어 설명할 수 있도록 하는 것입니다. 또, 물속에서 압력이 사방으로 작용하며 물이 깊을수록 압력이 크게 작용함을 다양한 상황에서 경험하게 합니다.

내용 정리

- 물속에서는 무게가 적게 나갑니다.
- 물체마다 무게가 가벼워진 정도가 다릅니다.
- 물체가 물에 잠긴 부피가 클수록 물체의 무게가 더 가벼워집니다.
- 물체가 밀어낸 물의 무게만큼 물체의 무게가 가벼워집니다.
- 물이 누르는 힘을 **물의 압력** 또는 **수압**이라고 합니다.
- 물이 누르는 압력은 모든 방향으로 작용합니다.

2. 중학교 1학년 - 7. 힘

- 이 단원의 목표는 과학에서 말하는 물체에 힘이 작용하면 물체의 모양 또는 운동 상태가 변한다는 것을 이해하는 것입니다. 또한 물체가 변형되는 정도는 힘을 많이 줄수록 심해짐을 실험을 통해 알수 있도록 하였습니다. 또한 탄성력, 마찰력의 개념에 대해서도 학습하는 것입니다.

내용 정리

- 힘은 물체의 모양을 변화시키거나 운동 상태를 변화시키는 원인입니다.
- 힘의 종류에는 탄성력, 마찰력, 자기력, 전기력, 중력 등이 있습니다.
- 힘의 측정은 용수철이 늘어나는 길이가 작용하는 힘의 크기에 비례하는 것을 이용합니다.
- 힘의 단위는 N, kgf 등이 있습니다.
- 힘의 크기는 화살표의 길이로, 힘이 작용하는 방향은 화살표의 방향으로, 힘이 작용하는 작용점은 화살표가 시작되는 점으로 나타냅니다.
- 힘의 합성은 한 물체에 여러 힘이 작용할 때 똑같은 효과를 나타내는 한 힘을 구하는 것입니다.
- 등속 원운동이란 물체가 일정한 속력으로 원을 그리면서 도는 운동입니다.
- 물체에 힘이 작용할 때 운동 방향이 변하는 정도는 힘의 크기에 비례하고, 물체의 질량에 반비례합니다.

3. 중학교 2학년 - 2. 물질의 특성

• 이 단원의 목표는 물질의 겉보기 성질과 특징, 밀도, 용해도에 대하여 학습하는 것입니다.

• 눈, 코, 입 등의 감각기관을 이용하여 알아볼 수 있는 물질의 성질을 **겉보기 성질**이라고 합니다.
• 물질의 특성은 녹는점, 어는점, 끓는점 등을 통해 알 수 있습니다.
• **밀도**는 물질의 질량을 부피로 나눈 값입니다.
• 한 물질이 다른 물질에 녹아 고르게 섞이는 현상을 **용해**라고 합니다.
• 어떤 온도에서 용매 100g에 최대로 녹을 수 있는 용질의 그램(g) 수를 **고체의 용해도**라고 합니다.
• **기체의 용해도**는 온도가 높아질수록 작아집니다.

4. 중학교 2학년 - 6. 혼합물의 분리

• 이 단원의 목표는 순물질과 혼합물의 차이점을 알고, 혼합물의 가열곡선, 혼합물의 분리에 대하여 학습하는 것입니다.

- **순물질**은 다른 물질과 섞여 있지 않고 한 종류만으로 이루어진 물질입니다.

- **혼합물**은 두 가지 이상의 순물질이 본래의 성질을 잃지 않고 섞여서 이루어진 물질입니다.

- 고체와 고체 혼합물의 가열곡선은 두 물질의 혼합 비율에 따라 다릅니다.

- 고체와 액체 혼합물은 순수한 액체보다 어는점이 낮아지고, 끓는점은 높아집니다.

- 액체 혼합물의 가열곡선에서는 성분물질의 수만큼 수평한 부분이 나타납니다.

- 혼합물은 밀도 차, 끓는점 차, 용해도 차, 크로마토그래피에 의한 분리를 할 수 있습니다.

줄이 들려주는
일과 에너지 이야기

책에서 배우는 과학 개념

일과 에너지의 원리 및 개념

교육과정과의 연계

구분	과목명	학년	단원	연계되는 개념 및 원리
초등학교	과학	4학년 1학기	1. 수평 잡기	힘점, 작용점, 받침점
		5학년 2학기	8. 에너지	여러 가지 에너지의 종류
		6학년 2학기	6. 편리한 도구	지레의 원리, 도르래의 원리
중학교	과학	2학년	1. 여러 가지 운동	운동에너지
		3학년	2. 일과 에너지	일, 도구, 도르래, 위치에너지, 운동에너지, 역학적 에너지
고등학교	물리 I	2학년	1. 힘과 에너지 2. 에너지	일과 에너지, 일률, 에너지 에너지 전환

《줄이 들려주는 일과 에너지 이야기》는 줄이라는 물리학자를 통해 어린 이들이 일과 에너지의 원리를 배울 수 있는 책입니다. 이 책에서 저자는 지렛대의 원리, 도르래의 원리, 비탈의 원리를 자세하게 설명하고 있습니다. 또한 위치에너지와 운동에너지 그리고 이들에 의해 만들어지는 역학적 에너지의 보존 원리에 대해서도 강의하고 있습니다. 이 책을 통해 우리 주변에서 역학적 에너지의 보존 원리가 어디에서 사용되는지를 알아볼 수 있습니다.

이 책의 장점

1. 초등학생들에게는 그림과 실험을 통해 일과 에너지의 기본 개념을 이해할 수 있게 해 주며 중학생들에게는 도구들이 가지는 과학적 원리를 일과 에너지의 관점에서 살펴 우리가 도구를 이용하여 일을 하는 이유를 자연스레 깨닫게 하고 있습니다.

2. 우리 주변의 일들을 통한 탐구실험 활동을 줄 선생님과 실제로 해 보는 듯하며 든든한 과학적 지식을 외우지 않고도 생생하게 내 것으로 만들 수 있는 기회를 제공해 줍니다.

3. 초등학교 6학년 과학과 교육과정에 있는 편리한 도구 단원과 중학교에서 배우는 일과 에너지로 연계하여 학습할 수 있습니다.

각 차시별 소개되는 과학적 개념

1. 첫 번째 수업 _ 일이란 무엇인가요?

- 물체에 힘이 작용하여 거리만큼 이동했을 때 일을 했다고 하고 힘의 단위는 N(뉴턴)이므로 일의 단위는 N·m이 됩니다. 이것을 줄(J)이라고 부릅니다.

2. 두 번째 수업 _ 누가 효율적으로 일을 하나요?

- 일의 양과 시간을 함께 생각하는 양을 일률이라 합니다. 그러므로 같은 양의 일을 할 때 걸린 시간이 짧으면 일률이 높다고 합니다.

3. 세 번째 수업 _ 지렛대의 원리

- 지렛대의 원리란 두 사람이 수평을 유지할 때 무게와 회전축으로부터의 거리의 곱은 같다는 것입니다. 그러므로 시소의 회전축에서 멀리 떨어진 사람의 작은 무게는 회전축 가까이 있는 사람의 큰 무게와 수평을 이룰 수 있습니다.

4. 네 번째 수업 _ 도르래 이야기

- 도르래는 고정도르래와 움직도르래가 있는데 고정도르래는 힘의 방향을 바꾸기 위해 사용하고, 움직도르래는 적은 힘으로 무거운 물체를 들어 올리는 데 사용합니다.

5. 다섯 번째 수업 _ 빗변의 원리

- 같은 물체가 올라간 높이가 같다면 경사가 다른 두 빗변에서의 일의 양은 같습니다. 그러나 완만할 때 더 긴 거리를 움직이므로 이 때 더 작은 힘이 필요합니다.

6. 여섯 번째 수업 _ 축바퀴의 원리

- 회전을 일으키게 하는 물리량을 토크라고 합니다. 토크는 힘에 비례하고, 회전축으로부터의 거리가 멀수록 큽니다. 그러므로 큰 원통과 작은 원통이 붙어 있어 회전축이 같다면 큰 원통을 작은 힘으로 돌려도 작은 원통은 큰 힘으로 돌아갑니다. 이것을 축바퀴의 원리라고 합니다.

7. 일곱 번째 수업 _ 운동에너지란 무엇인가요?

- 어떤 속력으로 운동을 할 때까지 일을 할 수 있는 능력을 운동에너지라고 하고 속력이 클수록, 물체의 질량이 클수록 운동에너지가 커집니다. 운동에너지의 차이를 '힘이 한 일'이라고 합니다.

8. 여덟 번째 수업 _ 위치에너지란 무엇일까요?

- 높이에 따른 일을 할 수 있는 능력을 중력에 의한 위치에너지라고 부릅니다. 위치에너지는 높이와 질량에 비례합니다. 압축되어 있거나 팽창해 있는 용수철은 일을 할 수 있는 능력이 있는데, 이것을 탄성에 의한 위치에너지라고 합니다. 용수철이 많이 압축 또는 팽창되었을 때 위치에너지가 큽니다.

9. 아홉 번째 수업 _ 에너지는 보존될까요?

- 위치에너지와 운동에너지를 합쳐 역학적 에너지라고 합니다. 높은 데서 물체가 떨어질 때 줄어든 위치에너지만큼 운동에너지가 생겨 어느 위치에서건 두 에너지의 합은 항상 일정합니다. 이것을 에너지 보존법칙이라고 합니다.

줄이 들려주는 일과 에너지 이야기와 관련되는 교과서에 등장하는 용어와 개념들입니다.

1. 초등학교 4학년 1학기 – 1. 수평잡기

- 이 단원의 목표는 시소 놀이를 통하여 여러 가지 방법으로 수평을 만들어 보고, 널빤지에 여러 개의 나무도막을 올려놓아 수평을 이루게 하는 것입니다.

내용 정리

- 부피만 일정하다면 모양이 변해도 무게는 그대로입니다.
- 물체를 작게 조각냈을 때
  - 낱개의 무게는 처음의 무게에 비해 가벼워집니다.
  - 조각을 모두 모아 무게를 달면 처음의 무게와 같습니다.

2. 초등학교 5학년 2학기 – 8. 에너지

- 이 단원의 목표는 바람, 높은 곳에 있는 물체, 열, 전기가 일을 할 수 있다는 사실을 실험을 통하여 알아보고, 여러 가지 에너지가 전환되는 예를 실생활에서 찾는 것입니다.

내용 정리

- 사포로 나무 도막을 마찰하면 열이 발생합니다. 운동에너지가 열에너지로 전환되어 따뜻하게 느껴집니다. (운동에너지→열에너지)

- 모든 에너지의 근원은 태양입니다. (핵에너지는 태양이 근원이 아닌 유일한 에너지)

3. 초등학교 6학년 2학기 - 6. 편리한 도구

- 이 단원의 목표는 지레를 사용하여 물체를 들 때의 힘의 크기를 비교함으로써 지레의 원리를 알고, 지레가 실생활에서 이용되는 예를 찾습니다. 고정도르래와 움직도르래로 물체를 들어 올리는 데 필요한 힘의 크기가 다름을 알고, 실생활에서 이용되는 예를 찾을 수 있습니다.

[심화 과정] 빗면과 축바퀴를 이용하는 사례 조사하기

내용 정리

- **수평 잡기**는 지레의 원리를 이용한 것이므로 지레의 세 점을 가지고 있습니다.
  - **받침점** : 수평 잡기의 가운데
  - **작용점** : 무거운 물체가 걸려 있는 곳
  - **힘점** : 가벼운 물체가 걸려 있는 곳
- 물체의 무게와 받침점으로부터의 거리의 곱이 양쪽 모두 같을 때 수평이 된다.

4. 중학교 2학년 - 1. 여러 가지 운동

• 이 단원의 목표는 속력이나 방향이 일정한 운동과 변하는 운동에 대하여 알아보는 것입니다. 또 관성 현상과 힘이 작용할 때의 물체의 운동에 대해서도 알 수 있습니다.

내용 정리

• 물체의 위치는 기준이 되는 점으로부터의 방향과 거리로 나타낼 수 있습니다.

• **속력** = 이동 거리/걸린 시간(단위 : m/s, km/h)

• 물체가 이동한 전체 거리를 걸린 시간으로 나누면 평균 속력을 구할 수 있습니다.

• **등속 직선운동**이란 속력과 운동 방향이 변하지 않는 운동입니다.

• **관성**이란 외부에서 힘이 작용하지 않을 때 처음의 운동을 계속 유지하려는 성질입니다.

• 운동 방향과 같은 방향으로 힘이 작용하면 물체의 속력은 증가하고, 반대 방향으로 힘이 작용하면 물체의 속력은 감소합니다.

• **등속 원운동**이란 물체가 일정한 속력으로 원을 그리면서 도는 운동입니다.

• 물체에 힘이 작용할 때 운동 방향이 변하는 정도는 힘의 크기에 비례하고, 물체의 질량에 반비례합니다.

5. 중학교 3학년 – 2. 일과 에너지

- 이 단원의 목표는 일의 정의를 알고, 일의 원리, 일률, 일과 역학적 에너지와의 관계를 이해하고. 중력장에서의 운동을 관찰하여 위치·운동에너지의 상호 전환 관계를 조사하여 역학적 에너지가 보존됨을 이해하는 것입니다.

  [심화 과정] 용수철 진자의 운동을 관찰하여 에너지의 전환 설명하기, 단진자의 운동을 관찰하여 에너지의 전환 설명하기

내용 정리

- **일의 양과 물체의 이동 거리** : 힘의 크기가 같을 때 물체의 이동 거리가 클수록 더 많은 일을 합니다.

- **일의 단위** : J(줄)을 사용합니다. 1J은 1N의 힘으로 물체를 힘의 방향으로 1m 이동시킬 때 한 일의 양입니다.

- **지레의 구조**(=지레의 3요소) : 힘점, 받침점, 작용점

- **지레의 원리를 이용한 도구** : 가위, 병따개, 디딜방아, 집게 등

- **일률의 비교**

  - **한 일의 양이 같을 때** : 일을 한 시간이 짧을수록 능률적입니다.

  - **일을 한 시간이 같을 때** : 한 일의 양이 많을수록 능률적입니다.

- **일과 에너지의 관계**

  - 물체에 일을 하면 물체의 에너지가 증가합니다.

  - 에너지를 가진 물체는 일을 할 수 있습니다.

데카르트가 들려주는
함수 이야기

책에서 배우는 수학 개념

함수와 관련되는 개념 및 용어들

교육과정과의 연계

구분	과목명	학년	단원	연계되는 개념 및 원리
중학교	수학	1학년 가	규칙성과 함수	함수, 그래프, 그의 활용
		2학년 가	일차함수	일차함수
		3학년 가	이차함수	이차함수
고등학교	수학	1학년 나	함수	이차함수와 활용, 유리함수, 무리함수

《데카르트가 들려주는 함수 이야기》는 좌표의 원리를 찾아낸 위대한 수학자이자 과학자인 데카르트가 쉽게 들려주는 함수에 관한 책입니다. 좌표의 정의를 알고 이용하여 함수를 나타내는 방법을 자세히 다루고 있습니다. 남·여학생들의 게임을 통해 여러 가지 함수의 개념을 설명하고 있으며 생활주변의 예를 통해 정비례와 반비례에 대한 이야기를 아주 쉽게 들려주고 있습니다. 이 책을 통해 간단한 일차함수와 그 활용에까지 배우고 함수에 대한 관심과 흥미를 가지게 될 것입니다.

이 책의 장점

1. 초등학생들에게는 초등학교 교육과정에는 나오지 않는 함수의 개념을 게임으로 설명하여 쉽게 이해하게 해 줍니다.
2. 중학생들에게는 좌표를 이용하여 함수를 나타내는 방법을 통해 일차함수의 개념을 이해하게 해 줍니다.
3. 고등학교 교육과정의 이차함수의 활용과 유리, 무리함수의 활용을 위한 기초를 튼튼히 다질 수 있도록 함수의 개념을 쉽고 정확하게 설명해 줍니다.

각 차시별 소개되는 수학적 개념

1. 첫 번째 수업 _ 함수란 무엇인가요?

• 두 집합 X,Y가 있고 '① X의 모든 원소가 Y의 두 개 이상의 원소와 대응되지 않아야 합니다. ② X의 모든 원소가 Y에 대응되어야 합니다'는 두 조건을 만족해야 함수가 됩니다.

2. 두 번째 수업 _ 함수의 개수

• 함수의 개수는 (공역의 원소의 개수)의 (정의역의 개수)승이고, 일 대일 함수의 개수는 정의역의 개수에서 1까지의 곱입니다.

3. 세 번째 수업 _ 점의 좌표

• x축과 y축이 만나는 점을 원점이라고 하고 원점의 좌표는 (0,0) 이라고 씁니다.

4. 네 번째 수업 _ 두 점 사이의 거리

• 임의의 두 점 사이의 거리의 제곱은 두 점의 x좌표의 차의 제곱과 y좌표의 차의 제곱의 합이 됩니다. 또, 중점 M의 좌표는 두 점의 좌표의 합을 2로 나눈 값이 됩니다.

5. 다섯 번째 수업 _ 삼각형의 넓이

• 삼각형의 넓이는 밑변의 길이와 높이의 곱을 2로 나눈 값이며 꼭 지점의 좌표를 이용하여 구할 수 있습니다.

6. 여섯 번째 수업 _ 정비례 이야기

• x와 y 사이에 y=ax(a는 0이 아닌 일정한 수)의 관계가 있으면 y는 x 에 정비례하고 이때 a를 비례상수라고 합니다.

7. 일곱 번째 수업 _ 반비례란 무엇인가요?

• x와 y사이에 $y=\dfrac{a}{x}$(a는 0이 아닌 일정한 수)의 관계가 있으면 y는 x 에 반비례하고 이때 a를 반비례상수라고 합니다.

8. 여덟 번째 수업 _ 일차함수 이야기

- 일차함수는 x의 일차식이 y에 대응되는 함수입니다. 일차함수 y=ax+b에서 a는 기울기를 b는 y절편을 나타냅니다.

9. 아홉 번째 수업 _ 일차함수를 이용하는 문제

- 두 양이 일차함수의 관계를 만족하는 경우 일차함수를 이용하여 문제를 풀 수 있습니다.

이 책이 도움을 주는 관련 교과서 단원

데카르트가 들려주는 함수 이야기와 관련되는 교과서에 등장하는 용어와 개념들입니다.

1. 중학교 1학년 1학기 - 4. 규칙성과 함수

- 이 단원의 목표는 정비례 관계와 반비례 관계를 이해하고 그 관계를 식으로 나타내며 함수의 개념과 순서쌍과 좌표를 이해하고 함수의 그래프를 그려보는 것입니다.

내용 정리

- 두 양 x, y사이에 x의 값이 2배, 3배, 4배 …… 로 될 때, y의 값이 2배, 3배, 4배 …… 로 되면 y는 x에 정비례한다고 합니다.
- 두 양 사이에 x, y의 값이 2배, 3배, 4배 …… 로 될 때, y의 값이 $\frac{1}{2}$배, $\frac{1}{3}$배, $\frac{1}{4}$배 …… 로 되면 y는 x에 반비례 한다고 합니다.

- 집합 x에서 집합 y로의 함수 f에서, 즉 f:x→y에서 집합 x를 함수 f의 정의역 , 집합 y를 함수 f의 공역이라고 합니다.
- 함수 y=f(x)에서 함수값 전체의 집합을 치역이라고 합니다.

2. 중학교 2학년 가 – 5. 일차함수

- 이 단원의 목표는 일차함수의 뜻을 알고 연립일차방정식의 해를 이해하는 것입니다. 일차함수를 활용하여 여러 가지 문제를 풀 수 있습니다.

내용 정리

- 직선이 좌표축에 평행하게 일정한 거리만큼 이동하는 것을 **평행이동**이라 합니다.
- **일차함수 y=ax+b의 그래프** : 기울기가 a, y절편이 b인 직선
  - a>0이면
    오른쪽 위로 향하고, x의 값이 증가함에 따라 y의 값도 증가합니다.
  - a<0이면
    오른쪽 아래로 향하고, x의 값이 증가함에 따라 y의 값은 감소합니다.

3. 중학교 3학년 가 – 4. 이차함수

- 이 단원의 목표는 이차함수의 뜻을 이해하고 이차함수의 그래프

를 그려보는 것입니다.

- 실수 전체의 집합 x, y를 각각 정의역과 공역으로 하는 함수 f가 x에 대한 이차식 $y=ax^3+b+c$(a≠0, a,b,c는 실수)로 나타내어질 때, 이 함수 f를 **이차함수**라고 합니다.
- 이차함수 $y=ax^2$의 그래프와 같은 모양의 곡선을 **포물선**이라 합니다. 이때, 포물선의 대칭축을 포물선의 축이라 하고, 포물선과 대칭축과의 교점을 이 포물선의 꼭지점이라고 합니다.

4. 고등학교 1학년 나 – 3. 함수

- 이 단원의 목표는 함수의 뜻과 그래프를 이해하는 것입니다.

- 대응, 일대일 대응, 항등함수, 상수함수, 합성함수, 역함수, 다항함수, 최대값, 최소값

스콧이 들려주는
남극 이야기

책에서 배우는 과학 개념

남극과 관련되는 개념 및 용어들

교육과정과의 연계

구분	과목명	학년	단원	연계되는 개념 및 원리
초등학교	과학	3학년 1학기	5. 날씨와 우리생활	기온, 날씨, 생활
		4학년 2학기	1. 동물의 생김새	동물의 특징, 생활 방식,
			4. 화석을 찾아서	화석의 이용가치, 화석 발견
		5학년 2학기	1. 환경과 생물	온도, 빛, 환경, 생물 사이의 관계
중학교	과학2	2학년	6. 지구의 역사와 지각 변동	화석, 지층에 남긴 기록
고등학교	지구과학 I	2학년	1. 하나뿐인 지구	지구환경

책 소개

《스콧이 들려주는 남극 이야기》의 안내자 스콧은 남극점 정복에서 아문센에 뒤진 2등이었습니다. 그러나 두 영웅의 경쟁에서 스콧은 남극점 정복 외에도 과학적 연구를 동시에 수행하였습니다. 이 책에서 스콧은 독자들을 가상적인 남극 체험 탐험으로 안내하고 있습니다. 가상적인 탐험이라 해도 그저 남극의 여러 곳을 돌아보는 것이 아니라, 철저하게 1911년 스콧 탐험대의 여정을 그대로 밟고 있습니다. 과거 남극 영웅시대의 남극점 정복이 어떤 루트로 이루어졌는지를 이해할 수 있을 것입니다.

이 책의 장점

1. 초등학생들에게는 탐험과 모험에 관한 희망을 가지게 해 주며, 남극탐험 당사자의 노정을 따라 가며 남극에 대해 알아갑니다.
2. 지구상에서 가장 험한 환경을 위대한 영웅과 함께 탐험하면서 배우게 되는 것은 인간의 위대한 도전 정신과 더불어 남극과 지구를 소중히 생각하는 마음일 것입니다.
3. 극지방의 특징과 자연환경의 특이점, 남극 탐험의 과학적 원리 등을 재미있게 따라가며 배울 수 있습니다.

각 차시별 소개되는 과학적 개념

1. 첫째 날 _ 남극 체험 탐험에 참가하다

- 넓은 의미의 남극은 남극대륙과 그 주변의 바다인 남빙양을 모두 포함합니다. 남극대륙은 평균 2,160m 두께의 얼음에 눌려 있습니다.

2. 둘째 날 _ 남극으로 가는 길

- 태평양을 건너 호주 대륙을 거쳐 남극으로 갑니다. 1억 5천만 년 전까지 호주와 남극은 '곤드와나 랜드' 안에서 서로 붙어 있었답니다.

3. 셋째 날 아침 _ 남극의 지형과 환경

- 에반스 곶에서 출발하여 700km나 되는 로스 빙붕을 지나 남극 횡단 산맥을 가로지르고, 남극점까지 얼음 고원을 지나 남극점에 도착합니다.

4. 셋째 날 저녁 _ 남극의 기후와 생물은 어떤가요?

- 남극은 북반구와는 계절이 반대이며, 남극점에서는 3월 20일경부터 6개월간은 밤이고, 9월 20일경부터 6개월간은 낮만 계속됩니다. 남극의 대표적인 동물은 펭귄입니다. 아델리, 젠투, 친스트렙 등이 대표적인 남극 펭귄이고, 물개와 비슷한 해표, 스쿠아 갈매기도 남극에서 사는 동물입니다.

5. 넷째 날 아침 _ 스콧 탐험대의 마지막 탐험 장소에 이르다

- 남극 해안에서 가끔씩 알바트로스라 불리는 신천옹을 볼 수 있는데, 바다에 사는 새 중에서 몸집이 가장 큰 새로 날개 길이가 무려 3m, 무게는 12kg이나 나갑니다.

6. 넷째 날 저녁 _ 남극의 얼음은 어떻게 만들어졌나요?

• 남극 주위를 빙 둘러싸는 '남극 순환 해류'는 적도로부터 남쪽으로 내려오는 따뜻한 해류를 막으면서 남극대륙을 고립시키고 날씨는 매우 추워집니다. 남극대륙은 약 5천만 년 전부터 얼음이 얼기 시작해 지구에서 가장 추운 지방으로 남게 되었습니다.

7. 다섯째 날 아침 _ 남극의 얼음과 지구의 기후 변화와의 관계는 어떤가요?

• 땅 위에 얼음이 두껍게 쌓이면 얼음의 아래쪽은 위에서부터 내려누르는 엄청난 힘을 받게 되고, 이 힘 때문에 얼음의 아래쪽은 비교적 부드러운 성질을 가지게 됩니다. 땅은 경사져 있어서 얼음의 아래쪽은 낮은 곳으로 흐르려고 합니다. 빙하가 흐르는 방향과 수직방향으로 '크레바스'라는 깊은 틈이 있습니다. 또한 남극의 얼음 속에는 많은 공기 방울이 들어 있는데, 이 공기 방울을 이용하여 과거의 기후를 연구합니다.

8. 다섯째 날 저녁 _ 남극과 지구의 환경오염과의 관계는 어떤가요?

• 남극 빙상의 얼음 안에는 지구 대기의 오염 물질도 같이 들어 있어 최근 지구대기의 오염이 어떻게 진행되었는지 연구하고 있으며, 남극의 얼음에서 보통의 공기 중에는 없는 재와 유황성분이 나와 과거 지구 표면에서 폭발한 화산을 찾을 수 있음을 보여주고, 오존구멍을 통해 지구환경의 심각성을 알 수도 있습니다. 또한 남극에서는 햇빛과 얼음 결정이 만들어 내는 일종의 프리즘

현상인 '환일' 현상도 볼 수 있습니다.

9. 여섯째 날 아침 _ 남극점이란 무엇인가요?

- 극지방의 오로라는 태양에서 오는 전자들이 지구의 극 쪽으로 들어오면서 대기 중의 입자들과 충돌하여 만들어내는 전기적인 현상입니다. 강한 태양풍을 지구 자기장이 막아주는데 극지방에는 자기장의 통로가 있어 자기 방어막이 얇아져서 오로라 현상이 나타납니다. 남극점에는 지리적 남극점과 자기적 남극점이 있는데 11.5°의 차이가 있습니다.

10. 여섯째 날 오후 _ 남극의 암석은 어떻게 특별한가요?

- 남극에서 발견되는 석탄, 식물, 공룡의 화석들은 아주 오랜 옛날에는 남극대륙이 지금의 위도보다 높은 곳에 있어 따뜻했다는 증거입니다.

11. 일곱째 날 _ 남극 체험을 마치다

이 책이 도움을 주는 관련 교과서 단원

스콧이 들려주는 남극 이야기와 관련되는 교과서에 등장하는 용어와 개념들입니다.

1. 초등학교 3학년 1학기 – 5. 날씨와 우리 생활
- 이 단원의 목표는 여러 곳의 기온을 온도계로 측정하여 비교하고, 같은 방법으로 아침, 점심, 저녁 때 각각의 기온을 측정하여 표나

그림으로 나타내어 비교해 보는 것입니다. 또한 구름의 양을 관찰하여 기호로 나타내고, 간이 풍향·풍속계를 사용하여 바람의 세기와 방향을 측정하여 그림이나 기호로 나타내어 봅니다.

내용 정리
- 날씨와 관계가 깊은 일
  - **고기 잡이** : 바람이 세게 불면 고기잡이를 할 수 없습니다.
  - **농사 짓기** : 날씨가 맑아야 논밭에서 일하기가 편합니다.
  - 운동회, 현장 학습 등의 야외 활동을 할 때에도 날씨가 맑아야 합니다.

2. 초등학교 4학년 2학기 – 4. 화석을 찾아서

- 이 단원의 목표는 여러 가지 화석의 관찰을 통하여 다양한 생물이 화석으로 나타남을 이해하고, 화석 모형 만들기를 통하여 화석의 생성 과정을 이해하며 지층이 쌓인 순서와 화석이 만들어진 순서를 비교하는 것입니다.

내용 정리
- 지층이 만들어진 순서와 그 지층에서 발견되는 화석의 순서는 같습니다.
- 화석을 이용하여 알 수 있는 것
  - 과거에 살았던 생활의 모습을 알 수 있습니다.
  - 과거에 살았던 생물의 생활 모습을 알 수 있습니다.

– 과거의 자연 환경과 기후에 대해 알 수 있습니다.

– 과거의 땅의 모습과 특징을 알 수 있습니다.

3. 중학교 2학년 – 6. 지구의 역사와 지각 변동

• 이 단원의 목표는 지층에 나타난 퇴적물의 모양과 화석을 조사하여 지층이 퇴적될 때의 환경을 추론하여, 화석모형 만들기 실험으로 화석이 만들어지는 과정을 알아보며 표준화석과 시상화석을 통하여 퇴적물이 쌓인 시대와 그 당시의 환경을 추리하는 것입니다. 그리고 부정합, 습곡, 단층, 부정합의 구조를 지각 변동과 관련지으며, 융기 · 침강의 증거를 찾아 조륙 운동을 설명하고, 습곡 산맥의 구조를 통하여 조산 운동을 이해하는 것입니다. 또한 판구조와 대륙 이동을 지지하는 증거를 조사합니다.

내용 정리

• **화석의 가치** : 모든 생물이 화석으로 남는 것이 아니고 극소수의 생물만이 화석으로 남게 되므로, 화석은 지구의 역사와 고생물의 연구에 매우 중요한 자료입니다.

• 대규모의 지진과 화산 폭발로 지반이 무너지거나, 수직 방향으로 작용하는 힘에 의해 지각이 넓은 범위로 상하 방향의 운동을 일으켜서 지표면이 서서히 융기 또는 침강하는 지각 변동을 조륙 운동이라고 합니다.

• **맨틀의 대류** : 맨틀에서는 오랜 세월에 걸쳐 대류가 일어나며, 이 대류에 의하여 맨틀 위에 있는 대륙이 이동한다고 생각된다.

토리첼리가 들려주는
대기압 이야기

책에서 배우는 과학 개념

대기압과 관련되는 개념 및 용어들

교육과정과의 연계

구분	과목명	학년	단원	연계되는 개념 및 원리
초등학교	과학	6학년 2학기	2. 일기예보	날씨, 기압
중학교	과학	1학년 1학기	1. 지구의 구조	대기권의 구조, 특징
고등학교	지구과학II		2. 대기의 운동과 순환	대기의 안정도, 대기운동, 순환

책 소개

《토리첼리가 들려주는 대기압 이야기》는 토리첼리와 함께하는 10일간의 대기압 세계 여행으로, 대기압의 원리에서부터 산과 바다에서의 놀라운 현상 등 대기압에 관한 모든 궁금증을 풀 수 있습니다. 대기압 실험으로 유명한 물리학자 토리첼리가 직접 10일간의 수업을 통해 가르쳐 주는 형식이라 쉽게 읽을 수 있습니다.

이 책의 장점

1. 대기압을 생각해 내게 된 배경을 토리첼리의 스승인 갈릴레이부터 역사적으로 사건을 중심으로 이야기하듯 진행해 나가고 있어 재미있게 대기압을 알아갈 수 있습니다.
2. 우리 생활의 우물과 관련된 에피소드에서 수은으로 이어지는 물기둥과 수은기둥 실험 등 어려운 대기압의 크기와 원리를 알 수 있게 해 줍니다.
3. 중·고등학교로 연계하여 학습할 수 있습니다.

각 차시별 소개되는 과학적 개념

1. 첫 번째 수업 _ 갈릴레이와 우물

- 1630년대 갈릴레이는 우물의 깊이가 10m가 넘으면 지하수를 끌어올릴 수 없다는 것을 발견했습니다.

2. 두 번째 수업 _ 지하수와 공기 기둥

- 갈릴레이의 제자 토리첼리는 우물의 깊이가 10m가 넘으면 지하수를 끌어올릴 수 없는 이유를 연구하게 됩니다. 지하수 표면의 공기기둥이 누르는 힘 때문에 펌프질로 파이프의 공기를 빼 놓으면 파이프를 타고 지하수가 올라옵니다. 그러나 공기가 누르는 압력은 유한해서 지하수를 10m까지만 끌어올리고 그 이상은 끌어올리지 못합니다.

3. 세 번째 수업 _ 아리스토텔레스와 진공

- 아리스토텔레스는 '자연은 진공을 좋아하지 않는다'고 했으며 흙, 불, 물, 공기가 없는 너머에는 에테르라는 초자연적인 물질이 우주를 꼭꼭 채운다고 생각했습니다.

4. 네 번째 수업 _ 토리첼리와 수은

- 우물의 깊이가 10m가 넘으면 지하수를 끌어올릴 수 없는 이유를 알기 위해 유리대롱으로 실험을 하는데 10m의 유리대롱은 실험이 어렵습니다.

  유리대롱을 오르는 액체의 상승 높이는 무게에 반비례합니다. 액체의 무겁고 가벼움은 '밀도가 높다, 낮다'로 표현합니다. 수은의 밀도는 물보다 13.6배 높으니 상승하는 높이는 13.6분의 1로 줄어듭니다. 따라서 물이 10.3m상승할 때, 수은은 13.6분의 1인 76cm만큼 상승합니다. 한쪽이 막힌 1m 유리 대롱에 수은을 가득 채우고 수은이 담긴 그릇에 거꾸로 세우면 수은이 공기가 누르는 힘과 맞먹는 높이인 76cm까지 유리대롱을 타고 내려옵니다. 이때 유리대롱 위에 생긴 20여cm의 빈 공간을 '토리첼리의 진공' 이라고 합니다.

5. 다섯 번째 수업 _ 대기와 대기압

- '1기압=물기둥을 10.3m까지 끌어올리는 압력=수은기둥을 76cm까지 끌어올리는 압력=지상 30km까지 쌓여 있는 공기기둥이 내리누르는 압력=1,013밀리바(mb)' 입니다.

6. 여섯 번째 수업 _ 대기압과 고도

- 고도가 높아질수록 대기가 희박해지고, 대기압이 약해집니다.

7. 일곱 번째 수업 _ 산과 대기압1

- 평균적으로 대기압은 1000m 오를 때마다 10분의 1씩 감소합니다. 고도 5000m이상에서는 머리가 어지럽고, 안압이 올라가고, 코피가 나는 고산 증세가 나타납니다. '온도가 낮고 압력이 높을수록 기체는 잘 녹는다' 는 헨리의 법칙에 따르면 고산지대에서는 산소가 잘 녹지 않아 산소가 부족한 것입니다. 그래서 산소부족으로 고산 증세를 느끼는 것입니다.

8. 여덟 번째 수업 _ 산과 대기압2

- 물이 끓는다는 것은 수증기가 대기압을 이기고 오른다는 뜻입니다. 그러니 고산지대에는 끓는점이 높지 않아도 수증기가 대기압을 충분히 이기고 끓습니다.

9. 아홉 번째 수업 _ 대기압과 황사현상

- 대기압의 차이로 고기압과 저기압이 생기고 주변보다 대기압이 높은 곳은 고기압, 주변보다 대기압이 낮은 곳은 저기압입니다.

저기압 주변 상공에 뜬 모래와 황토 입자는 대기 상층부를 지나는 편서풍에 실려 한반도와 일본, 태평양을 지나 미국까지 도착합니다.

10. 열 번째 수업 _ 압력은 전체 집합, 대기압은 부분 집합
- 대기압은 공기가 누르는 압력입니다. '압력=수직으로 작용하는 힘/면적' 이므로 수직으로 작용하는 힘이 클수록, 힘을 받는 면적이 좁을수록 압력은 커집니다.

이 책이 도움을 주는 관련 교과서 단원

토리첼리가 들려주는 대기압 이야기와 관련되는 교과서에 등장하는 용어와 개념들입니다.

1. 초등학교 6학년 2학기 – 2. 일기예보
- 이 단원의 목표는 공기의 이동, 기온, 습도 등의 특징을 중심으로 일기도를 보고 우리나라의 날씨를 계절별로 조사하여 알아보는 것입니다.

내용 정리
- 공기가 누르는 압력을 **기압**이라고 합니다.
- 우리 주변은 공기로 둘러싸여 있습니다.
- 기압은 공기의 무게 때문에 생깁니다.
- 기압은 시간과 장소에 따라 다른데 주위보다 기압이 높은 것을 **고기**

압이라고 하며, 주위보다 기압이 낮은 것을 **저기압**이라고 합니다.

• 고기압에서 저기압으로 공기가 움직이는 것을 **바람**이라고 합니다.

• 높은 산일수록 공기가 희박하여 기압이 낮아집니다.

• 높은 산에서 밥을 지으면 낮은 온도에서 물이 끓기 때문에 밥이
잘 익지 않습니다.

• 높은 산에서는 기압이 낮기 때문에 물이 쉽게 끓습니다.

• 기압은 사방에서 작용합니다.

2. 중학교 1학년 1학기 – 1. 지구의 구조

• 이 단원의 목표는 대기권을 기온의 연직 분포에 따라 대류권, 성층
권, 중간권, 열권 등으로 구분하고 각 층에서 일어나는 변화의 특징
을 이해하는 것입니다. 또한 주어진 지진파의 속도를 분포 곡선을
이용하여 지각을 포함한 지구 내부의 층상 구조에 대해 배우는 것
입니다.

내용 정리

• **대기권**은 높이에 따른 온도 변화에 따라 대류권, 성층권, 중간권,
열권의 4개의 층으로 구분합니다.

• 지표로부터 약 20~30km의 구간에 오존층이 존재하며, 오존층은
태양으로부터 오는 자외선을 흡수하여 지구상의 생물을 보호합니다.

• **대기권**은 질소, 산소 등 여러 가지 기체로 이루어져 있으며, 지표
에서 높이 100km까지는 공기의 성분비가 거의 일정합니다.

과학자들이 들려주는 과학 이야기 25

콜럼버스가 들려주는
바다 이야기

책에서 배우는 과학 개념

바다에 대한 전반적인 내용

교육과정과의 연계

구분	과목명	학년	단원	연계되는 개념 및 원리
초등학교	과학	3학년 1학기	2.자석놀이, 6. 물에 사는 생물	자석, 자기력선, 환경, 생물
		4학년 1학기	7. 강과 바다	바다의 특징, 바다 밑 모양
		5학년 1학기	9. 작은 생물	물속 생물
		6학년 1학기	7. 전자석	자기장, 나침반
중학교	과학1	1학년	11. 해수의 성분과 운동	-
		3학년	6. 전류의 작용	자기장, 자석
고등학교	지학 I	2학년	6. 해양의 변화	해수, 해류, 해저

◆ 매뉴얼북 ❶ MANUAL BOOK

책 소개

《콜럼버스가 들려주는 바다 이야기》는 콜럼버스와 함께하는 10일간의 바다세계 여행을 통해 바다의 역사로부터 경도, 지구 자기, 바다생물에 관한 과학까지 바다에 대한 모든 것을 소개합니다. 신대륙을 발견한 콜럼버스가 직접 10일간의 수업을 통해 가르쳐 주는 형식이라 쉽게 읽을 수 있습니다.

이 책의 장점

1. 초등학생들에게는 바다세계를 개척하는 꿈을 심어주며 바다에 관한 궁금증을 풀어줍니다.
2. 바다 밑 세계에 대한 정보와 경도의 중요성 등 바다탐험에 있어서 꼭 알아야 할 개념 등을 알기 쉽게 설명해 줍니다.
3. 우리나라의 동해와 독도의 자원적 가치와 그것을 둘러싼 일본과의 갈등을 통해 바다자원의 중요성을 일깨워줍니다.

각 차시별 소개되는 과학적 개념

1. 첫 번째 수업 _ 바다의 역사

- 45억 년 전 뜨거웠던 지구를 둘러싼 공기층이 태양광을 줄이면서 수증기가 생겨 많은 비가 왔고, 그 비가 고여 바다가 만들어졌습니다.

2. 두 번째 수업 _ 경도1

- 바다 한가운데 떠 있는 배가 길을 잃고 헤매지 않으려면 위도뿐 아니라 경도를 정확히 알아야 합니다. 그래서 영국의 찰스 2세가 경도를 정밀히 추정하기 위해 그리니치 천문대를 세우게 됩니다.

3. 세 번째 수업 _ 경도2

- 배가 떠있는 곳에서 그리니치가 지금 몇 시인지를 정확히 알면 이미 측정해 놓은 시간대별 천체 위치와 비교하여 경도를 알게 됩니다. 문제는 시계인데 휴대용 정밀 시계의 선구자인 해리슨이 정확한 시계를 만들어 이 문제를 해결했습니다.

4. 네 번째 수업 _ 지구는 하나의 거대한 자석

- 지구는 하나의 거대한 자석 같은 성질을 갖는데 이 지구자기의 N극과 S극은 우리가 북극과 남극이라 칭하는 지리상의 지역과 동서로 11.5° 가량 기울어져 있어 차이(복각)가 납니다. 또한 1302년 한 이탈리아인이 지구자기를 이용한 나침반을 만들어 내면서 탐험의 역사는 더욱 박차를 가하게 됩니다.

5. 다섯 번째 수업 _ 지구자기

- 지구 속에 액체 상태로 존재하는 니켈과 철이 지구의 자전과 공전 때문에 같이 움직입니다보니 자기장이 생겨서 지구자기가 생기게 됩니다(다이나모(dynamo)이론).
- 고지자기 이론 : 지구자기는 불변하는 것이 아니라 오랜 세월을 거쳐 변화를 반복하는데 암석 속에 남아 있는 옛 시대의 지구자기를 '고(古)지구자기'라고 하며 바다 속 지형의 고지구자기 연구

를 통해 해저가 확장되어오고 있음을 알 수 있습니다.

6. 여섯 번째 수업 _ 물과 바다

- 지구의 물은 바닷물과 담수(민물, 육지의 물)로 나뉘며 담수는 광물의 양이 많으면 센물, 적으면 단물로 구분합니다. 바닷물은 3종류의 산소와 3종류의 수소가 결합하는 가짓수에 따라 18가지가 있습니다.

7. 일곱 번째 수업 _ 동해와 독도 그리고 심층수

- 바다 속 200m 이하의 심층수는 병원균이 거의 없는 무균의 저온성 해수로 오랫동안 숙성된 양질의 물이고, 천연가스의 주성분인 메탄이 얼음과 유사한 형태로 매장돼 있는 가스 하이드레이트가 우리나라 동해와 독도 주변에 풍부하게 매장되어 있습니다. 우리가 독도를 지켜야 하는 이유가 바로 여기에 있습니다.

8. 여덟 번째 수업 _ 바다의 혜택

- 바다는 황금의 보고로 어류자원, 조력발전 등의 에너지자원이 풍부할 뿐 아니라 바다 밑바닥에 수백만 년 동안 가라앉아 있던 자갈과 물고기 뼈들이 일정한 온도와 압력 상태에서 금속과 함께 굳어진 망간단괴에는 40여 종의 유용한 금속자원이 엄청나게 깔려 있습니다.

9. 아홉 번째 수업 _ 생선에 담긴 과학

- 바다에 사는 물고기들은 육상 동물처럼 근육이 발달할 필요가 없고 빠르게 헤엄칠 순발력만 있으면 되므로 살이 유연하고 부드럽습니다. 그러나 씹는 촉감과 쫄깃함을 즐기려면 회로 떠서 사후

경직 상태일 때 바로 먹어야 합니다.

10. 열 번째 수업 _ 바닷길의 비밀

- 해수면이 달과 태양의 끌어당기는 힘에 의해 주기적으로 오르내리는 것을 조석이라 합니다. 조석은 하루 2번씩이지만 지구가 자전하는 동안에 달도 지구를 공전하기 때문에 정확하게는 12시간 25분마다 일어납니다.

이 책이 도움을 주는 관련 교과서 단원

콜럼버스가 들려주는 바다 이야기와 관련되는 교과서에 등장하는 용어와 개념들입니다.

1. 초등학교 4학년 1학기 – 7. 강과 바다

- 이 단원의 목표는 다양한 강의 모양을 지형모형이나 사진자료 등을 통해 관찰하여 그 특징을 비교하고, 흐르는 물에 의해 강의 생김새가 변화됨을 이해하는 것입니다. 또한 바다 밑의 모양과 깊이를 알기 위한 모형을 이용하여 여러 곳의 깊이를 재어 그림으로 나타내고 바다 밑의 모양을 알아보는 것입니다.

내용 정리
- 바다 밑의 땅 모양은 깊이 파인 곳, 편평한 곳, 높은 곳, 낮은 곳, 산과 산맥 등 육지와 모양이 비슷합니다.

2. 초등학교 6학년 1학기 – 7. 전자석

- 이 단원의 목표는 나침반을 이용하여 전류가 흐르는 도선과 자석 주위에 자기장이 생김을 확인하고, 전류의 방향을 바꾸면서 자기장의 방향을 알아보는 것입니다. 또한 전자석을 만들어 그 성질을 알아보고, 실생활에서 전자석이 이용되는 예를 찾는 것입니다.

내용 정리

- 나침반의 N극이 가리키는 방향을 연결하면 막대자석의 N극에서 나와 S극으로 들어갑니다.

3. 중학교 1학년 – 11. 해수의 성분과 운동

- 이 단원의 목표는 해수에 녹아 있는 주요 성분을 질량의 크기순으로 열거하고, 그 성분비가 일정함을 이해하는 것입니다. 또한 난류와 한류의 성질과 분포를 조사하고, 밀물과 썰물에 의한 조류의 특징을 이해하는 것입니다.

내용 정리

- 해류는 연중 일정한 방향으로 흐르며 일정한 속도와 방향을 가지고 있습니다.
- 동해안의 원산만 부근은 한류와 난류가 만나는 지역으로 플랑크톤이 번성하고 많은 어류가 모이게 됩니다. 이러한 지역을 **조경 수역**이라고 합니다.
- 밀물과 썰물을 조류라고 하며, 하루에 약 두 차례씩 나타납니다.

4. 중학교 3학년 – 6. 전류의 작용

• 이 단원의 목표는 전압과 전류가 일정할 때 발생하는 열량(온도 변화)을 측정하여, 전기에너지가 열에너지로 전환됨을 이해하는 것입니다. 또한 전류가 흐르는 도선 주위에 생기는 자기장의 특성을 확인하고, 자기장 속에서 전류가 흐르는 도선이 받는 힘에 대하여 이해하는 것입니다.

내용 정리

• **자극의 종류** : 막대자석을 자유로이 회전할 수 있게 실에 매달면 막대자석은 자침과 같이 남북을 향하여 정지합니다.

• **자기력선**은 자기장의 모양을 나타내는 선입니다. 자기력선의 방향은 자석의 N극에서 나와 S극으로 들어갑니다.

치올코프스키가 들려주는
우주 비행 이야기

책에서 배우는 과학 개념

우주 비행과 관련되는 원리와 개념 및 용어들

교육과정과의 연계

구분	과목명	학년	단원	연계되는 개념 및 원리
초등학교	과학	3학년 2학기	지구와 달	지구와 달의 모양
		5학년 2학기	7. 태양의 가족	태양의 관찰과 특징
중학교	과학	2학년	3. 지구와 별	태양과 행성
		3학년	7. 태양계의 운동	과학자전, 공전
고등학교	과학	1학년	5. 지구	지구의 변동
	물리 II	3학년	1. 운동과 에너지	인공위성에 의한 운동

《치올코프스키가 들려주는 우주 비행 이야기》는 구소련의 우주비행이론의 개척자이자 로켓과학 및 인공위성 연구의 선구자이며, 처음으로 우주 정거장의 필요성을 제안한 치올코프스키가 학생들에게 우주 비행의 원리와 개념을 강의하는 것처럼 엮은 책입니다. 10번의 강의 동안 비행기와 우주선의 차이, 우주선의 발사원리, 인공위성, 우주왕복선, 우주 비행 등 흥미진진한 이야기가 펼쳐집니다. 여러분을 환상의 우주 비행으로 안내할 것입니다.

이 책의 장점

1. 초등학생들에게는 우주 비행이 현재진행형이며 실현가능한 일이라는 발상의 전환을 가져다 줍니다.

2. 중학생들에게는 우주 비행의 원리를 간단하고 쉽게 이해할 수 있도록 강의 형식으로 이야기가 펼쳐져 우주 탐사의 원리를 쉽게 이해할 수 있습니다.

3. 고등학생들에게는 우주선의 발사원리와 연료, 탈출 속도, 태양계와 운동에너지 등 첨단 과학이론과 항공공학의 기초를 호기심과 생각하는 힘을 가지고 볼 수 있도록 구성하였습니다.

4. 초등학교 3학년과 5학년 과학과 교육과정에 있는 태양계에 관한 내용과 중학교 2, 3학년의 태양계의 운동, 고등학교 지구과학의 지구 단원과 물리 II의 운동과 에너지 단원과 상관되어 연계하여 학

습할 수 있습니다.

각 차시별 소개되는 과학적 개념

1. 첫 번째 수업 _ 지구를 넘어 우주로

• 비행기는 왜 우주로 나아가지 못하는 걸까요? 지구중력을 이길
만큼 충분한 속도(우주 속도)를 내지 못하기 때문입니다.

2. 두 번째 수업 _ 우주선의 발사 원리와 연료

• 우주속도를 이용하고 작용과 반작용의 원리를 적용하여 로켓연
료의 반작용으로 생기는 추력으로 우주선을 발사합니다. 연료로
는 항공유를 이용하고, 우주에는 산소가 없으므로 산화제도 함께
실어서 로켓을 발사합니다.

3. 세 번째 수업 _ 우주선의 발사 환경과 장소

• 지구가 자전하고 공전하는 쪽으로 우주선을 발사하여 지구의 자
전과 공전속도를 덤으로 얻어 우주 속도로 나아갑니다. 지구의
자전과 공전속도가 최대인 적도 지방이 우주선 발사의 최적지입
니다.

4. 네 번째 수업 _ 인공위성

• 최초의 인공위성은 러시아가 미국 타도를 외치며 총력을 기울여
1957년 10월 4일 쏘아올린 스푸트니크 1호입니다. 그 이후 미국
과 러시아는 더욱 경쟁적으로 우주 비행 시대를 열어가고 있습니
다. 인공위성은 지구를 중심으로 하는 구심력(중력)과 위성이 회

전하며 가지는 원심력이 팽팽하게 균형을 이루기 때문에 떨어지지 않습니다. 이때의 속도가 제1 우주 속도입니다.

5. 다섯 번째 수업 _ 여러 인공위성

- 정지위성이 멈춰 있는 것처럼 보이는 것은 지구자전과 똑같은 속도로 돌고 있기 때문입니다.

6. 여섯 번째 수업 _ 탈출 속도

- 지구 탈출 속도는 제2 우주 속도라고 하며 초속 11.2km로 서울에서 부산까지 대략 1분 30초로 왕복할 수 있는 속도입니다. 태양계 탈출 속도는 제3 우주 속도라고 하고, 초속 42km나 됩니다.

7. 일곱 번째 수업 _ 달과 아폴로 우주선

- 미항공우주국(NASA)에서 1969년 7월 21일 아폴로 11호로 달 탐사에 성공합니다. 아폴로호는 우주에서 사령선과 달착륙선이 맞붙는 도킹을 합니다.

8. 여덟 번째 수업 _ 우주 왕복선

- 스페이스셔틀이라고도 하는 우주 왕복선은 궤도선과 고체연료 로켓을 재활용할 수 있는 경제적인 우주 비행 로켓입니다.

9. 아홉 번째 수업 _ 앞으로의 우주비행

- 광활한 우주 공간을 여행하기 위해 필요한 것이 우주선이 쉬기도 하고 우주선을 발사할 수도 있는 우주 정거장입니다.

10. 열 번째 수업 _ 환상 우주비행

- 아인슈타인의 예측은 빨리 달릴수록 시간은 느리게 간다는 것입니다. 쌍둥이가 한 명은 지구에 살고, 또 한 명은 30광년의 거리

를 우주 비행을 하고 온다면 지구인은 너무 늙고 우주인은 팽팽해서 서로를 알아보지 못한다고 하는 것이 쌍둥이 역설입니다.

치올코프스키가 들려주는 우주 비행 이야기와 관련되는 교과서에 등장하는 용어와 개념들입니다.

1. 초등학교 3학년 2학기 - 3. 지구와 달

- 이 단원의 목표는 지구의 생김새와 관련된 모형이나 인공위성 사진자료 등의 관찰을 통하여 지구가 둥글다는 것을 이해하고, 하루 저녁 동안 시간에 따른 달의 위치를 관찰하며 매일 같은 시각에 달의 모양을 관찰하여 그림으로 나타내는 것입니다.

내용 정리

- 달 탐사에는 로켓, 우주선, 달착륙선, 우주복 등을 만드는 과학 기술이 필요합니다.

2. 초등학교 5학년 2학기 - 7. 태양의 가족

- 이 단원의 목표는 여러 가지 기구를 이용하여 태양의 모양을 관찰하고, 사진이나 그림 자료 등을 이용하여 태양의 특성을 찾아보며, 또한 태양계를 구성하고 있는 행성을 조사하고, 태양계 모형 등을 사용하여 행성의 크기와 태양으로부터의 거리를 비교합니다.

- 행성과 지구와의 상대적인 크기를 비교해 봅시다.
- **지구에서 가장 가까운 행성** : 금성
- **지구에서 가장 멀리 있는 행성** : 명왕성

3. 중학교 3학년 - 7. 태양계의 운동

- 이 단원의 목표는 천체의 일주운동을 관찰하고 지구의 자전과 관련지어 설명하고, 황도와 태양의 연주운동을 이해하고 지구의 공전과 관련지어 설명합니다. 또한 달의 위상 변화를 관찰하고, 달의 운동과 관련지어 설명하는 것입니다. 또한 모형 실험을 통하여 일식과 월식이 생기는 원리를 설명하며 각 행성의 공전주기와 궤도 크기를 조사하고, 행성 공전궤도의 상대적 크기를 비교하는 것입니다.

- **천체의 일주운동** : 별들이 북극성을 중심으로 하루에 한 바퀴씩 도는 현상
- **천구** : 지구를 둘러싼 반지름이 무한대인 구
- **남중** : 별이나 그 밖의 천체가 일주 운동을 하는 동안 자오선 상에 올 때를 말하며, 이때 천체의 고도가 가장 높습니다.
- 태양, 달, 행성 등이 매일 조금씩 별자리 사이를 옮겨 가는 운동을 시운동 또는 **겉보기 운동**이라고 합니다.

4. 고등학교 1학년 - 5. 지구

- 이 단원의 목표는 천체 관측을 통해 시간과 책력 및 일기 예보와 지구 물질을 이용할 수 있는 방법을 알아보는 것입니다.

내용 정리

- 태양계에는 9개의 행성과 수많은 위성 그리고 혜성 등이 있습니다.

5. 고등학교 물리Ⅱ - 1. 운동과 에너지

- 이 단원의 목표는 달과 지구가 각각 지구와 태양 주위를 돌 수 있게 해 주는 원동력에 대해 배우는 것입니다.

내용 정리

- **만유인력** : 질량을 가지고 있는 모든 물체에 작용하는 힘은 그 질량에 비례하고 거리의 제곱에 반비례합니다.

과학자들이 들려주는 과학 이야기 27

오펜하이머가 들려주는
원자폭탄 이야기

책에서 배우는 과학 개념

원자폭탄의 개발에 관한 전반적인 내용

교육과정과의 연계

구분	과목명	학년	단원	연계되는 개념 및 원리
중학교	과학	3학년	3. 물질의 구성	원소
고등학교	물리 II	3학년	3. 원자와 원자핵	핵분열, 핵융합, 원자핵 구성

책 소개

《오펜하이머가 들려주는 원자폭탄 이야기》에서 미국의 원자폭탄 개발 계획인 맨해튼 프로젝트의 연구 소장직에 있었던 물리 학자인 오펜하이머는 제1차 세계대전 이후부터 제2차 세계대전이 일본의 나가사키 원폭 투하로 종전이 되는 때까지의 원자폭탄 개발의 역사를 흥미진진하게 풀어주고 있습니다. 이 이야기에서는 원자폭탄의 개발 역사를 중점으로 소개한 탓에, 핵과 관련된 과학적 내용의 직접적 설명은 다소 부족할 수 있습니다. 그 부분은 페르미가 들려주는 핵반응 이야기, 퀴리 부인이 들려주는 방사능 이야기, 러더퍼드가 들려주는 원자핵 이야기를 참고하길 바랍니다.

이 책의 장점

1. 원자폭탄이 만들어지기까지의 역사적 과정을 제2차 세계대전이라는 상황에 맞추어 흥미진진하게 펼쳐나가고 있습니다.
2. 제2차 세계대전 당시 독일의 핵개발을 막고 먼저 핵개발을 하고자 했던 미국의 맨해튼 프로젝트가 어떻게 구성되었는지를 알 수 있으며 핵폭탄을 일본에 투하함으로써 전쟁을 마무리한 과정을 실감나게 그리고 있어 손에 땀을 쥐며 읽어갈 수 있습니다.
3. 핵개발의 유익함과 위험함이라는 양면성을 이해하고 핵의 올바른 사용에 대해 고민해 볼 수 있게 합니다.

각 차시별 소개되는 원자폭탄 개발과 관련된 역사 이야기

1. 첫 번째 수업 _ 걸출한 과학자들의 망명

- 1930년대 물리학자들이 추구한 핵물리학은 원자 속에 들어 있는 핵을 연구하는 물리학의 한 분야이며 원자폭탄도 핵물리학을 연구하면서 가능하게 됩니다. 제1차 세계대전 후 독일의 유대인 차별주의로 인해 최고의 물리학자인 아인슈타인과 페르미가 미국으로 망명하였습니다.

2. 두 번째 수업 _ 우라늄 원자핵 분열

- 한과 슈트라만의 노력으로 1938년 우라늄 붕괴 물질의 질량은 우라늄의 절반쯤 되며, 원소의 성질은 원자 번호 56번인 바륨과 같음을 발견하고 굉장한 에너지를 끄집어 낼 수 있음을 알게 됩니다.

3. 세 번째 수업 _ 미국과 독일의 상황1

- 미국으로 망명한 유대계 물리학자들이 아인슈타인을 앞세워 루스벨트 대통령에게 독일의 우라늄 핵분열 실험의 위험성을 알렸으며 독일은 정부 차원에서 우라늄 연구를 전폭 지원하고 있었습니다.

4. 네 번째 수업 _ 미국과 독일의 상황2

- 원자폭탄을 만드는 데 드는 우라늄-235를 분리하는 방법과 플루토늄을 생산하는 방법에 대한 논의가 활발해졌으며, 우라늄-235를 구형으로 빠르게 합치면 가공할 위력을 내뿜는 폭탄을 제조할 수 있음을 알게 되어 미국과 독일은 각각 분주해졌습니다.

5. 다섯 번째 수업 _ 원자폭탄 개발에 불을 당긴 진주만 공습

- 1941년 12월 7일 일본의 진주만 공습은 미국의 우라늄 계획을 시카고를 중심으로 급박하게 진행되게 하였으며 원자폭탄 제조 방법으로 알려진 5가지 원심 분리법, 가스 확산법, 전자기 방법, 흑연 사용법, 중수 사용법을 동시에 추진하게 됩니다.

6. 여섯 번째 수업 _ 원자폭탄 개발 계획

- 미국의 원자폭탄 개발 계획인 맨해튼 프로젝트의 연구 소장직에 물리학자인 오펜하이머가 임명되고 뉴 멕시코의 황무지 로스앨러모스가 개발 총지휘 지역으로 결정되었습니다. 그 외진 곳으로 조국애로 불타는 2500여 명의 물리학자와 화학자가 결집하여 원자폭탄 개발 계획은 가속도를 더해갑니다.

7. 일곱 번째 수업 _ 중수 공장 폭파 작전

- 중성자를 감속시킬 적당한 물질이 있으면 우라늄을 이용한 원자 에너지 생산이 가능한데 이 감속재로 중수를 사용합니다. 중수는 중성자를 포함하고 있어 보통의 물보다 무거운 물입니다.

8. 여덟 번째 수업 _ 원자폭탄 투하 지역 선정

- 미국은 민간인이 많지 않고 폭발 효과를 극대화할 수 있는 일본의 히로시마에 사전 경고 없이 원자폭탄을 투하하기로 결정합니다.

9. 아홉 번째 수업 _ 원자폭탄 투하와 항복

- 1945년 8월 6일 새벽 2시 27분 히로시마, 8월 8일 22시 나가사키에 원폭이 투하되고 일본은 항복을 하게 됩니다.

- 양성자 수는 같고 중성자 수만 다른 동위원소인 우라늄-238 과 우라늄-235 중 원자폭탄에 사용하는 것은 우라늄-235이고 이 것은 우라늄-238을 농축하여 얻을 수 있습니다. 우라늄-238 을 원자로에서 가열하여 얻을 수 있는 플루토늄-239 또한 원자 폭탄의 재료로 쓰입니다.

이 책이 도움을 주는 관련 교과서 단원

오펜하이머가 들려주는 원자폭탄 이야기와 관련되는 교과서에 등장하는 용어와 개념들입니다.

1. 중학교 3학년 1학기 - 3. 물질의 구성

- 이 단원의 목표는 라부아지에, 돌턴, 아보가드로 등에 의해 화학 변화의 양적 관계를 설명하는 여러 가지 법칙이 밝혀지는 과정에서 물질의 입자 개념이 형성되었음을 인식하는 것입니다.

또한, 다양한 종류의 원소를 원소기호로 표현하고, 원소기호를 이용하여 간단한 분자를 화학식으로 나타내며, 원자 모형을 이용하여 간단한 화합물을 나타내고, 화합물에서 원자의 공간 배열을 정성적으로 이해합니다.

• **원자**는 양성자와 중성자가 모여 있는 원자핵과 원자핵을 둘러싸고 있는 전자로 구성되어 있습니다. 원자핵 속의 양성자는 양(+)전하를 띠며, 전자는 음(-)전하를 띠고 있는데, 양성자와 전자의 전기량은 똑같기 때문에 원자는 전기적으로 중성을 나타냅니다.

• **돌턴의 원자 모형의 수정** : 돌턴의 원자설 중 '원자는 더 이상 쪼갤 수 없다'는 설은 핵분열반응의 발견으로 원자가 쪼개진다는 새로운 사실로 수정되며, '원자의 종류가 같으면 크기와 질량이 같다.'는 설은 같은 원자라도 질량이 서로 다른 동위 원소의 발견으로 수정되어야 합니다. 그러나 원자설의 가치가 근본적으로 허물어진 것은 아닙니다.

2. 고등학교 물리Ⅱ - 3. 원자와 원자핵

• 이 단원의 목표는 원자와 원자를 이루고 있는 원자핵과 전자에 대해 알아보는 것입니다.

내용 정리

• 방사능 원소의 존재로 원자 내부에 원자핵이 있음을 알게 되었습니다.

- 원자를 구성하는 전자와 원자핵을 구성하는 양성자와 중성자가 자연의 가장 기본이 되는 입자가 아니라, 쿼크와 렙톤이 자연을 구성하는 기본 요소입니다.

- 핵자들이 원자핵을 구성하는 것은 핵자들 사이의 아주 짧은 거리에서만 강력한 인력으로 작용하는 핵력 때문입니다.

- 페르미온에 적용되는 베타원리와, 핵력이 매우 짧은 거리에 미치는 힘이라는 점 때문에 원자핵의 질량분포는 거의 균일하게 되어 있습니다.

- 원자핵의 핵자들에게도 껍질 모형이 적용됩니다. 원자핵에 껍질 모형을 적용할 수 있기 때문에 원자핵 내부가 어떻게 구성되어 있는지 자세히 설명하는 것이 가능해졌습니다.

과학자들이 들려주는 과학 이야기 28

레일리가 들려주는
빛의 물리 이야기

책에서 배우는 과학 개념

빛과 관련되는 원리와 개념 및 용어들

교육과정과의 연계

구분	과목명	학년	단원	연계되는 개념 및 원리
초등학교	과학	3학년 2학기	2. 빛의 나아감	그림자과학
		5학년 1학기	1. 거울과 렌즈	빛의 반사, 굴절, 분산, 오목렌즈와 볼록렌즈의 원리
중학교	과학	1학년	2. 빛	빛의 반사, 굴절, 분산
고등학교	물리 I	2학년	3. 파동과 입자	빛의 간섭, 빛의 회절, 빛의 파동성

책 소개

《레일리가 들려주는 빛의 물리 이야기》는 레일리와 함께하는 9일간의 빛의 세계 여행으로, 이 책을 통해 빛의 성질에서부터 일상생활에서의 응용 기술까지 빛에 관한 모든 것을 알 수 있습니다. 빛의 성질을 이용하여 하늘이 파랗게 보이는 원리를 알아낸 레일리가 이야기하듯 진행하는 강의 형식이라 쉽게 읽을 수 있습니다. 패러디 동화인 '동화 나라의 메리포핀스'를 통해 앞의 강의 내용을 흥미롭게 총정리할 수 있도록 돕고 있습니다.

이 책의 장점

1. 초등학생들에게는 항상 접하는 빛에 대한 이해를 도와 물속에 담긴 막대가 휘어 보이는 것 같은 생활 속의 의문을 풀 수 있도록 해 줍니다.
2. 중·고등학교 학생들에게는 렌즈와 거울을 통해 빛의 성질을 밝혀 주고 있습니다.
3. 초등학교에서 고등학교까지 이어지는 연계된 과정으로 빛과 관련된 개념 및 원리를 쉽고 재미있게 설명해 주므로 빛에 대한 궁금증을 해결할 수 있을 것입니다.

각 차시별 소개되는 과학적 개념

1. 첫 번째 수업 _ 빛은 무엇일까요?

- 매질이란 파동을 옮겨주는 물질을 말하는데 빛은 매질 없이 지구에 도착하며 빛의 속력은 30만km/초로 1초에 지구를 7바퀴 반이나 돌 정도로 **빠릅니다.** 우리가 눈으로 볼 수 있는 빛을 가시광선이라 하고 빨강, 주황, 노랑, 초록, 파랑, 남색, 보라입니다. 이 모든 색을 합치면 흰색으로 보입니다. 빛은 서로 파장이 다르기 때문에 여러 가지 색을 띠고 있습니다.

2. 두 번째 수업 _ 물체는 왜 다른 색으로 보일까요?

- 햇빛이 바다로 들어가면 일곱 색깔의 빛이 모두 바닷물 속으로 들어가지만 빨간빛만 흡수되고 나머지는 반사됩니다. 그렇게 되면 우리 눈에는 빨강의 보색인 푸른 녹색으로 보입니다.

3. 세 번째 수업 _ 빛은 어떻게 반사할까요?

- 빛이 반사될 때 입사각과 반사각은 같습니다.

4. 네 번째 수업 _ 빛은 어떻게 꺾일까요?

- 빛이 직진을 하다가 다른 물질을 통과할 때 시간을 최대한 단축하기위해 꺾이게 됩니다.

5. 다섯 번째 수업 _ 빛의 분산

- 일곱 색깔의 빛이 프리즘에서 꺾이는 정도가 다르기 때문에 일곱 가지 색의 띠로 나타납니다. 이 띠를 스펙트럼이라고 부릅니다.

6. 여섯 번째 수업 _ 거울 이야기

- 평면거울에서는 물체의 크기와 상의 크기가 똑같지만 왼쪽과 오른쪽이 뒤바뀝니다.

• 오목거울에서는 상이 더 커져 보이고 볼록거울에서는 상이 더 작아 보입니다.

• 오목렌즈에서는 빛이 굴절되어 퍼져나가지만 볼록렌즈에서는 빛이 굴절되어 한곳에 모입니다. 사람의 눈에도 수정체라고 하는 렌즈가 있습니다. 그 렌즈는 볼록렌즈이므로 빛이 한 점에 모입니다. 이때 빛이 모이는 지점이 망막일 때 눈은 정상입니다.

• 유리관으로 연결된 꼬마전구가 빨간빛을 비추면 불이 들어오지 않지만 보랏빛을 비추면 불이 들어옵니다. 큰 에너지를 가진 보랏빛 알갱이가 전자들을 쉽게 튀어나가게 했기 때문입니다.

이 책이 도움을 주는 관련 교과서 단원

레일리가 들려주는 빛의 물리 이야기와 관련하여 교과서에 등장하는 용어와 개념들입니다.

1. 초등학교 3학년 2학기 – 2. 빛의 나아감

• 이 단원의 목표는 그림자놀이를 통하여 빛이 물체에 비추어지는 방향과 거리에 따라 그림자의 모양과 크기가 달라짐을 이해하는 것입니다.

- 햇빛은 곧고 평행하게 나아갑니다.
- 빛으로 신호를 보내면 무척 빠르게 전달되어 신호를 받는 즉시 신호에 따라 움직일 수 있습니다.

2. 초등학교 5학년 1학기 - 1. 거울과 렌즈

- 이 단원의 목표는 여러 가지 거울에 생긴 물체의 상을 관찰하여 물체와 거울에 생긴 상의 특징을 비교하고, 실생활에서 이용되는 예를 찾아 보는 것입니다. 또한 여러 가지 렌즈로 물체를 보았을 때 나타나는 상의 특징을 비교하고, 실생활에서 이용되는 예를 찾아보며, 렌즈를 이용하여 간단한 사진기를 만들어봅니다.

- 오목거울과 볼록거울에 빛을 비추었을 때
  - **오목거울** : 빛이 한곳(초점)으로 보입니다.
  - **볼록거울** : 빛이 분산됩니다.
- 빛이 통과하는 모습
  - **오목렌즈** : 빛이 퍼집니다.
  - **볼록렌즈** : 빛이 모아집니다.

3. 중학교 1학년 - 2. 빛

- 이 단원의 목표는 빛의 반사와 굴절 현상을 관찰하고, 실생활에서 그 예를 찾아보며, 프리즘이나 분광기 등을 이용하여 빛의 분산을

관찰하고, 환등기나 조명 장치를 이용하여 빛을 합성하는 것입니다.

- 진공에서나, 성질이 같은 물질 내에서 빛은 직진합니다.
- 성질이 서로 다른 두 물질의 경계면에서 빛은 반사합니다.
- 입사각과 반사각은 항상 같습니다
- **볼록거울에 의한 상** : 볼록거울은 빛을 퍼지게 하고, 물체의 크기보다 항상 작은 상이 맺히며, 실제보다 먼 곳에 있는 것처럼 보이고, 평면거울보다 넓은 범위를 볼 수 있습니다(항상 똑바로 서 있는 상이 맺힙니다).
  - 예) 자동차의 백미러, 커브길이나 슈퍼마켓에 설치하는 거울 등
- **오목거울에 의한 상** : 빛을 모이게 하며, 물체의 위치에 따라 상의 크기가 물체의 크기보다 클 수도, 작을 수도 있습니다.

4. 고등학교 물리 I – 3. 파동과 입자

- 이 단원의 목표는 스펙트럼에 대해 설명하고, 빛의 스펙트럼과 전자현미경의 관계를 알아보는 것입니다.

- 태양광선은 여러 종류의 빛이 합쳐져 있습니다. 그러한 빛을 분리하기 위해서는 프리즘이 사용되는데 프리즘을 통과하게 되면 빛은 그 색에 따라서 굴절하는 정도가 다르므로 여러 가지 색을 띠는 빛으로 분리되게 됩니다.

칸토르가 들려주는
집합 이야기

책에서 배우는 수학 개념

집합과 관련되는 원리와 개념 및 용어들

교육과정과의 연계

구분	과목명	학년	단원	연계되는 개념 및 원리
중학교	수학	1학년 가	1. 집합과 자연수	집합, 자연수
고등학교	수학	1학년 가	1. 집합과 명제	명제

《칸토르가 들려주는 집합 이야기》는 칸토르와 함께하는 9일간의 알쏭달쏭 집합 세계 여행을 통해 집합의 개념과 종류에서부터 드모르간의 법칙까지 살펴보는 내용으로 구성되었습니다. 집합론을 창시한 수학자 칸토르가 직접 어린이들에게 9일간의 수업을 통해 가르쳐주는 형식으로, 반 친구들과 함께 하는 놀이를 통해 집합의 원리를 배울 수 있습니다. 부록에 실은 저자의 창작 동화 '명탐정 세트'에서는 집합을 이용해 범인을 밝혀내는 아이디어를 통해 칸토르의 집합 이론을 재미있게 배울 수 있습니다.

이 책의 장점

1. 초등학생들에게는 교과과정에 없는 집합에 관한 기초 개념을 그림과 함께 이해할 수 있게 해 줍니다.
2. 중학생들은 집합과 자연수에 대한 원리를 쉽게 이해할 수 있게 하였습니다.
3. 고등학생들에게는 드모르간의 법칙과 명제에 대한 이해를 돕고 있으며 수학이 어떻게 논리적인지 경험하게 해 줄 것이며, 논리학의 기초를 느끼는 기회가 될 것입니다.

각 차시별 소개되는 수학적 개념

1. 첫 번째 수업 _ 집합이란 무엇일까요?

- 조건을 만족하는 대상이 정확하게 결정되는 모임을 집합이라고 하고 집합을 이루는 대상을 그 집합의 원소라고 합니다. 집합의 원소가 하나도 없을 때 공집합이라고 합니다.

2. 두 번째 수업 _ 집합의 포함 관계

- 집합 A가 집합 B 안에 완전히 포함되어 있을 때 집합 A를 집합 B의 '부분집합'이라 하고 공집합은 항상 부분집합이 됩니다. 원소의 개수가 n개인 집합의 부분집합의 수는 2^n개입니다.

3. 세 번째 수업 _ 교집합과 합집합

- 집합 A와 집합 B에 공통으로 속하는 원소들의 집합을 A와 B의 '교집합$(A \cap B)$'이라 하며, 집합 A에 속하거나 집합 B에 속하는 원소들을 모두 모은 집합을 A와 B의 '합집합$(A \cup B)$'이라고 합니다.

4. 네 번째 수업 _ 차집합 이야기

- 한 집합에만 속하는 원소들의 집합을 차집합$(A-B)$이라고 합니다.

5. 다섯 번째 수업 _ 전체 집합과 여집합

- 여러 집합을 모두 포함하는 집합을 전체 집합이라고 하고, 전체 집합에서 집합 A의 원소를 제외한 나머지를 집합 A의 여집합(A^c)이라고 합니다.

6. 여섯 번째 수업 _ 드모르간의 법칙

- 두 집합 A, B에 대하여 ① $(A \cup B)^c = A^c \cap B^c$ ② $(A \cap B)^c = A^c \cup B^c$의 식이 성립하는데 이 법칙을 드모르간의 법칙이라고 합니다.

7. 일곱 번째 수업 _ 명제 이야기

• 명제란 참과 거짓을 구별할 수 있는 문장을 말합니다. 명제의 부
정은 다시 명제가 되고, 참인 명제의 부정은 거짓이 됩니다. 명제
의 부정의 부정은 원래의 명제와 같습니다.

8. 여덟 번째 수업 _ 논리 이야기

• 수학은 논리적인 학문이어서 논리의 훈련은 수학에 도움이 됩
니다.

9. 아홉 번째 수업 _ 비둘기집의 원리

• 세 마리의 비둘기를 두 개의 집 A, B에 넣는 경우 어느 경우든
지 한 집에 두 마리 이상이 들어갑니다. 이러한 원리를 비둘기집
의 원리라고 합니다.

10. 부록 _ 명탐정 세트

이 책이 도움을 주는 관련 교과서 단원

칸토르가 들려주는 집합 이야기와 관련하여 교과서에 등장하는 용어와
개념들입니다.

1. 중학교 1학년 가 - 1. 집합과 자연수

• 이 단원의 목표는 집합의 뜻을 알고 집합을 표현하고, 두 집합 사
이의 포함 관계를 이해하며 집합의 연산을 배우는 것입니다.

• 집합을 나타내는 방법으로 기호 { }안에 주어진 집합에 속하는 모든 원소를 나열하는 방법이 있습니다. 이를 **원소나열법**이라고 합니다.

• 집합 $\begin{cases} \text{유한집합} \begin{cases} \text{공집합} \\ \text{공집합이 아닌 집합} \end{cases} \\ \text{무한집합} \end{cases}$

• 두 집합 A와 B에 대하여 집합 A의 모든 원소가 집합 B에 속할 때, 집합 A를 집합 B의 부분집합이라고 합니다.

• 두 집합 A와 B의 교집합을 조건제시법으로 나타내면
A∩B={x|x∈A 그리고 x∈B}

• 두 집합 A와 B의 합집합을 조건제시법으로 나타내면 또는
A∪B={x|x∈A 그리고 x∈B}

2. 고등학교 1학년 가 − 1. 집합과 명제

• 이 단원의 목표는 집합과 연산법칙을 학습하는 것입니다.

• **부분집합** → A의 원소가 모두 B의 원소이면 A는 B의 부분집합
기호 A⊂B로 나타냅니다.

• **서로 같은 집합** → A⊂B이고 B⊂A면 A=B

• **진부분집합** → A⊂B, A≠B일 때 A는 B의 진부분집합

• **교환법칙** → A∪B=B∪A, A∩B=B∩A

- **결합법칙** → A∪(B∪C)=(A∪B)∪C, A∩(B∩C)=(A∩B)∩C
- **분배법칙** → A∪(B∩C)=(A∪B)∩(A∪C)

  A∩(B∪C)=(A∩B)∪(A∩C)
- **드모르간**(De Morgan)**의 법칙** → (A∩B)C=AC∪BC

  (A∪B)C=AC∩BC
- 서로 같은 두 집합, 집합의 상등 → A⊂B이고 B⊂A일 때,

  A=B라고 합니다.

훅이 들려주는
세포 이야기

책에서 배우는 과학 개념

세포와 관련된 원리와 개념 및 용어들

교육과정과의 연계

구분	과목명	학년	단원	연계되는 개념 및 원리
중학교	과학	1학년	6. 생물의 구성	세포
고등학교	생물Ⅱ	3학년	1. 세포의 특성	세포의 기본 구조

책 소개

《훅이 들려주는 세포 이야기》는 현미경을 발명한 훅이 우리나라에 와서 강의하는 형식을 빌어 쉽게 설명해 주고 있습니다. 이 책을 읽는 독자는 세포에는 놀라운 질서가 있고, 생명의 지혜가 가득 차 있음을 알게 될 것입니다. 작은 세포에 생명을 실은 정보가 어떻게 들어 있는지 학습합니다.

이 책의 장점

1. 우리 몸을 이루고 있는 작은 세계인 세포를 알게 됨으로써 우리 몸을 더 잘 이해하게 되고 생명의 고귀함을 알게 될 것입니다.

2. 세포 속의 구조들과 그것들 각각의 역할을 알아가면서 우리 몸의 정교함과 치밀함에 놀라게 될 것이며, 세포 하나만으로도 생명체가 된다는 것을 알기 쉽게 보여줍니다.

3. 줄기세포에 대한 이해를 도와주고 줄기세포의 종류를 통해 과학의 이용에 대한 올바른 관점을 가질 수 있게 해 줍니다.

각 차시별 소개되는 과학적 개념

1. 첫 번째 수업 _ 맨눈으로 안 보여요

- 세포의 크기는 보통 $20\mu m$(1μm=1/1000cm)정도로 작습니다. 세포는 영양소와 산소를 공급받아야 하기 때문에 표면적을 넓게 하기 위해 작은 것입니다. 세포를 최대한 작게 하되 기관을 담을 만큼만 작아야 합니다.

2. 두 번째 수업 _ 고마워요, 현미경!

- 작은 세포의 연구는 현미경이 있어 가능합니다. 현미경의 배율이란 길이의 배율을 말합니다.

3. 세 번째 수업 _ 참 여러 종류가 있네요

- 우리 몸에는 다양한 모양의 세포가 있으며, 기능 또한 여러 가지입니다. 신경과 근육도 세포의 일종이며 세포는 방어와 흡수도 담당합니다. 각각 다른 기능을 가진 세포들이 조화롭게 일을 함으로써 우리가 살아갈 수 있습니다.

4. 네 번째 수업 _ 세 가지는 모두 가지고 있어요

- 그 종류가 다양한 세포들이지만 핵, 세포질, 세포막은 모두 가지고 있습니다. 핵에는 유전정보가 들어 있으며 세포질의 활동을 지휘합니다. 세포질은 세포의 제품을 생산하고, 세포막은 하는 일이 많고 복잡합니다.

5. 다섯 번째 수업 _ 하나로도 살 수 있어요

- 세균과 짚신벌레, 유글레나 등이 하나의 세포로 되어 있는 생물입니다.

6. 여섯 번째 수업 _ 내 몸은 세포가 아니에요

- 바이러스는 세균 여과기를 통과하는, 세균보다 작은 생명체입니다. 바이러스는 핵산과 단백질로만 되어 있으며 세포가 아닙니다.

7. 일곱 번째 수업 _ 에너지가 있어야 살아요

- 세포는 계속 일을 하기 때문에 에너지도 계속 필요합니다. 이용된 에너지는 다시 사용할 수 없을 뿐 아니라 세포로부터 나가 버립니다. 그러므로 새 에너지를 공급해 주어야 합니다. 이것이 바로 우리가 계속 숨을 쉬고 세 끼 밥을 먹는 이유입니다.

8. 여덟 번째 수업 _ 서로 연락해야 살 수 있어요

- 세포는 서로 정보를 교환하는데 호르몬이 세포 사이에 정보를 전달합니다. 특정 호르몬을 받아들일 수 있는 세포의 장치를 '수용체' 라고 합니다.

9. 아홉 번째 수업 _ 하나가 둘이 될 수 있어요

- 세포는 분열할 때 DNA를 복제합니다.

10. 열 번째 수업 _ 계속 교체돼요

- 우리 몸의 세포는 계속 교체되며 몸의 부분마다 교체 속도가 다릅니다. 죽은 세포는 대식세포가 먹어치우고 뼈세포는 서서히 교체되며 뇌를 비롯한 신경세포는 교체되지 않습니다.

11. 열한 번째 수업 _ 분열이 멈추지 않는다면?

- 정상적인 세포는 분열을 정지시키는 브레이크가 있습니다. 암세포란 분열 억제 능력을 잃어버린 세포입니다. 유전자가 손상되는 것을 돌연변이라고 하는데, 적어도 5~6번의 돌연변이가 일어나

야 암세포가 됩니다.

• 상처를 입은 세포의 죽음을 네크로시스라 하고 이는 염증을 일으키게 되지만, 세포 스스로 죽음을 택하는 것은 아포토시스라고 하며 주변에 아무런 영향을 주지 않습니다. 필요 없는 세포는 즉시 제거되거나 죽음을 택하게 됩니다. 이렇게 하여 몸을 항상 일정하게 유지하도록 합니다.

• 우리 몸이 늙어 가는 것은 세포가 늙기 때문입니다. 산소가 우리 몸에 들어와서 물을 생성하지 못하고 세포에 손상을 입히는 산소화합물을 '활성산소'라고 합니다. 이 활성산소가 세포를 늙게 만드는 중요한 원인입니다.

• 세포막에는 자신만의 표시인 MHC(주조직 적합성 복합체) 단백질이 있어서 이 표지를 가지고 있는 세포는 면역세포들의 공격을 받지 않습니다.

• 줄기세포(stem cell)는 여러 가지로 분화될 가능성을 가진 세포로 성체줄기세포, 제대혈줄기세포, 배아줄기세포 3가지가 있습니다. 이 중 배아줄기세포가 분화 능력이 좋고 가장 나이가 어린 줄기세포입니다.

혹이 들려주는 세포 이야기와 관련되는 교과서에 등장하는 용어와 개념들입니다.

1. 중학교 1학년 - 6. 세포의 구성

- 이 단원의 목표는 현미경을 사용하여 동물세포와 식물세포를 관찰하고, 공통점과 차이점을 발견하며, 생물은 세포로부터 조직, 기관 등을 거쳐 체계화된 개체를 구성함을 이해하는 것입니다.

내용 정리

- **원형질** : 세포에서 살아 있는 부분으로 생명 활동이 일어납니다.
- **핵** : 유전물질(DNA)이 들어 있으며, 생명 활동의 중심이 됩니다. 대부분의 세포에 한 개씩 들어 있습니다.
- **세포질** : 핵을 둘러싸고 있는 유동성 물질로, 많은 세포기관들이 분포하고 있습니다.
- **세포막** : 세포 안팎으로의 물질 이동을 조절합니다.
- 동물체는 세포 → 조직 → 기관 → 기관계 → 개체로 이루어집니다.

2. 고등학교 생물 II - 1. 세포의 특성

- 이 단원의 목표는 원핵세포와 진핵세포의 차이점을 이해합니다. 세포의 미세 구조와 기능, 각 기관의 중요성을 이해하는 것입니다.

내용 정리

- **핵의 기능**: 세포의 생명 활동을 조절하는 중심으로 세포의 생활유지, 증식, 유전 등의 역할

- **생체막의 기능**: 선택적 투과성(세포의 필요에 따라 선택적으로 물질의 이동을 조절), 화학반응의 장소

코시가 들려주는
부등식 이야기

책에서 배우는 수학 개념

부등식과 관련되는 원리와 개념 및 용어들

교육과정과의 연계

구분	과목명	학년	단원	연계되는 개념 및 원리
중학교	수학	2학년 가	4. 부등식	일차부등식
고등학교	수학	1학년 가	4. 방정식과 부등식	방정식, 부등식
		1학년 나	2. 부등식의 영역	부등식
	수학II	2학년	1. 방정식과 부등식	방정식

책 소개

《코시가 들려주는 부등식 이야기》에서는 부등식의 원리로부터 연립부등식 해법 등 부등식의 모든 것을 알아봅니다. 부등식과 복소수의 연구로 유명한 수학자 코시가 다양한 비유와 실험을 통해 가르쳐주는 형식이라 쉽게 읽을 수 있습니다. 책의 마지막 부분에 실린 저자의 동화 '부등식의 신 매씨우스'를 통해 부등식에 대해 정리해 볼 수 있습니다.

이 책의 장점

1. 초등학교 교과과정에는 대소의 개념으로만 소개된 부등호를, 해를 구하는 방정식으로 인식을 넓혀 주어 중학교 수학과의 연계를 쉽게 할 수 있습니다.
2. 중학생들에게는 산업현장이나 생활 속에 부등식을 활용하는 예를 통해 수학이 실생활의 문제를 해결하는 유용한 도구임을 알게 해 줍니다.
3. 삼각형이나 사각형과 관련된 부등식의 개념과 평균의 종류를 통해 부등식의 개념을 확대하여 문제해결을 할 수 있는 안목을 길러 줍니다.

각 차시별 소개되는 수학적 개념

1. 첫 번째 수업 _ 부등식이란 무엇인가요?

238 과학자들이 들려주는 과학 이야기

- 부등호($<$, $>$, $\leqq$, $\geqq$)를 써서 나타낸 식을 부등식이라고 합니다. 부등식의 양변에서 같은 수를 더하거나 빼도 부등식은 달라지지 않습니다. 또한 부등식의 양변에 양수를 곱하거나 나누면 부등호의 방향이 바뀌지 않지만, 음수를 곱하거나 나누면 부등호의 방향이 바뀝니다.

2. 두 번째 수업 _ 부등식을 풀어 봅시다

- 부등식을 푼 결과를 부등식의 해라고 하고 좌변에 있던 −1이 우변으로 넘어가면 +1이 되는데 이것을 이항이라고 합니다. (x+y의 최소값)=(x의 최소값)+(y의 최소값), (x+y의 최대값)=(x의 최대값)+(y의 최대값)이 됩니다.

3. 세 번째 수업 _ 부등식의 활용

- 생활 속에는 부등식을 이용하는 문제가 많이 있습니다.

4. 네 번째 수업 _ 연립 부등식

- 2개의 부등식을 동시에 만족하는 부등식을 연립 부등식이라고 합니다.

5. 다섯 번째 수업 _ 삼각형과 부등식

- 어떤 두 변의 길이의 합도 다른 한 변의 길이보다 큰 것을 삼각부등식이라고 합니다. 삼각형의 세변의 길이는 항상 이 부등식을 만족합니다.

6. 여섯 번째 수업 _ 사각형과 부등식

- 둘레의 길이가 같을 때, 정사각형에 가까울수록 넓이가 커집니다.

7. 일곱 번째 수업 _ 여러 가지 평균 이야기

- 평균에는 산술평균, 기하평균, 조화평균이 있습니다. 어떤 세 수가 일정한 수만큼 커지면 가운데 있는 수는 다른 두 수의 산술평균이라 하고, A와 B의 기하평균을 G^2라고 하면 $G=A \times B$입니다. A와 B의 조화평균은 $\dfrac{2 \times A \times B}{A+B}$ 입니다.

- 산술평균, 기하평균, 조화평균 사이에는 '(산술평균)≧(기하평균)≧(조화평균)' 이 성립합니다.

- 부등식은 우리의 생활에서 이용하는 예가 많은데, 산업에서 좀 더 높은 이익을 올리기 위해서도 사용됩니다.

이 책이 도움을 주는 관련 교과서 단원

코시가 들려주는 부등식 이야기와 관련되는 교과서에 등장하는 용어와 개념들입니다.

1. 중학교 2학년 가 – 4. 부등식

- 이 단원의 목표는 부등식과 그 해를 이해하고 부등식의 성질을 이해합니다. 일차부등식, 연립일차부등식과 그 해를 이해하고 풀 수 있습니다. 일차부등식 또는 연립일차부등식을 이용하여 여러 가지 문제를 해결할 수 있습니다.

- <, >, ≦, ≧를 사용하여 두 수 또는 식의 대소 관계를 나타낸 식을 부등식이라고 합니다.
- 부등식을 만족시키는 x의 값을 그 부등식의 해라고 하며 부등식의 모든 해를 구하는 것을 '부등식을 푼다'고 합니다.
- 일반적으로 부등식의 양변에 같은 수를 더하거나, 양변에서 같은 수를 빼어도 부등호의 방향은 바뀌지 않습니다.

2. 고등학교 1학년 가 – 4. 방정식과 부등식

- 이 단원의 목표는 부등식의 성질을 학습하는 것입니다. 절대값을 포함한 일차부등식을 풀 수 있습니다. 이차부등식과 연립이차부등식을 풀어보고 간단한 절대부등식을 증명해봅니다.

- 부등식의 양변에 음수를 곱하면 부등호는 반대가 됩니다.
- **코시의 부등식** : 문자가 모두 실수일 때
  - $(a^2+b^2)(x^2+y^2) \geq (ax+by)^2$ (a:b=x:y일 때, 등호성립)
  - $(a^2+b^2+c^2)(x^2+y^2+z^2) \geq (ax+by+cz)^2$ (a:b:c=x:y:z일 때, 등호성립)

3. 고등학교 1학년 나 – 2. 부등식의 영역

- 이 단원의 목표는 부등식의 영역을 학습하는 것입니다. 간단한 최

대문제와 최소문제를 해결할 수 있습니다.

- 산술평균≧기하평균≧조화평균
- 최대값 또는 최소값을 구할 때 이용합니다.

4. 고등학교 − 1. 방정식과 부등식

- 이 단원의 목표는 고차부등식과 분수부등식의 풀이법을 공부하는 것입니다.

- 부등식의 우변이 0일 때, 부등식의 좌변을 이루는 다항식을 인수분해하고 각 인수의 부호를 조사함으로써 고차부등식이나 분수부등식의 해를 구할 수 있습니다.

란트슈타이너가 들려주는
혈액형 이야기

책에서 배우는 과학 개념

생명과 혈액, 그리고 혈액형에 관한 개념과 혈액의 구조, 역할, 수혈에
관한 내용들

교육과정과의 연계

구분	과목명	학년	단원	연계되는 개념 및 원리
중학교	과학	1학년	8. 소화와 순환	순환, 혈액의 조성과 기능, 혈액의 순환, 심장의 생김새
고등학교	생물 I	2학년	3. 순환	혈액형

책 소개

《란트슈타이너가 들려주는 혈액형 이야기》는 우리 몸을 따뜻하게 해 주고 보살펴 주는 '피'에 대한 란트슈타이너 박사의 안내로 진행됩니다. 생명과 혈액 그리고 혈액형이란 무엇인지를 11개의 강의로 재미있게 안내해 주고 있어서 우리의 피 속을 마음껏 탐험할 수 있게 됩니다.

이 책의 장점

1. 초등학생들에게는 혈액의 구조와 ABO식 혈액형의 개념과 수혈시 부작용이 일어나는 이유를 그림과 도식으로 쉽게 배울 수 있게 하였습니다.
2. 중학생들에게는 혈액의 구조와 그 구성요소들이 하는 역할에 대한 이해를 할 수 있게 해 주며, 항원과 항체에 대한 개념도 이해할 수 있게 하였습니다.
3. 고등학생들에게는 ABO식 혈액형 외에도 Rh+나 Rh-등의 혈액형도 있으며 혈액을 보관하는 방법을 배우고 헌혈의 의미까지도 생각해 볼 수 있도록 구성하였습니다.

각 차시별 소개되는 과학적 개념

1. 첫 번째 수업 _ 혈액형이 뭐지?

- 환자들에게 수혈을 했을 때 부작용이 많이 나와 그 원인을 연구

하다가 20세기가 되어서야 란트슈타이너 박사가 혈액에도 종류가 있다는 것을 알아내게 되었습니다.

2. 두 번째 수업 _ 생명의 경이로움

- 골수에서 만들어지는 혈액세포는 온몸의 세포에게 산소를 운반하는 적혈구, 우리 몸을 세균이나 바이러스로부터 지켜주는 백혈구, 다쳤을 때 피를 멈추게 하는 혈소판으로 이루어져 있습니다.

3. 세 번째 수업 _ 1667년 파리에서

- 수혈을 할 때 사람에 따라 수혈한 피가 모두 용혈(적혈구가 파괴되는 현상)되는 일이 많았는데 그 이유를 알 수 없었답니다.

4. 네 번째 수업 _ 적혈구의 신기한 응집

- 사람의 혈액 속에는 다른 사람의 적혈구를 응집시키는 물질인 '응집소(agglutinin)'가 존재하고, 응집소에는 응집소 알파(α), 응집소 베타(β) 이렇게 2가지가 있습니다. 응집소 알파(α)와 응집소 베타(β)에 반응해서 모두 응집이 일어나면 AB형, 전혀 응집이 일어나지 않으면 O형, 응집소 알파(α)에 의해 응집이 일어나면 A형, 응집소 베타(β)에 의해 응집이 일어나면 B형이 됩니다.

5. 다섯 번째 수업 _ 항원과 항체

- 항원(antigen)이란 항체(antibody)를 만들게 하는 원인 물질입니다. 이것은 우리 몸을 지키는 면역 시스템의 공격 방법 중 하나입니다.

6. 여섯 번째 수업 _ 혈액형의 정체

- 병든 장기를 떼어내고 다른 사람의 건강한 장기로 갈아 끼우는

것을 장기이식(organ transplantation)이라 하고, 이때 다른 사람의 장기와 혈액형을 맞추어야만 이식 거부반응을 예방할 수 있습니다.

7. 일곱 번째 수업 _ 수많은 혈액형들

• 수혈 때 맞춰야 하는 혈액형의 종류는 ABO식 혈액형뿐이 아니며 붉은털 원숭이의 적혈구에 반응하는 Rh+와 Rh- 등 수백 가지나 됩니다.

8. 여덟 번째 수업 _ 혈액은행의 탄생

• 구연산이라는 화학물질에 항응고제(혈액이 응고되지 않게 하는 약품)와 적혈구에 필요한 영양분인 포도당을 섞어 혈액을 장기간 보존할 수 있게 되었습니다. 혈액을 보관할 수 있는 장소가 필요하게 되어 '혈액은행'이 탄생합니다. 1942년 카알 월터라는 외과의에 의해 병에 보관하던 혈액을 나일론을 이용한 간편한 플라스틱 백에 보관하게 됩니다.

9. 아홉 번째 수업 _ 헌혈은 생명을 살리는 아름다운 실천

• 헌혈은 생명을 살리는 고귀한 일이며 사랑을 베푸는 아름다운 실천입니다.

10. 열 번째 수업 _ 혈액형에 대한 고민

• 혈액형은 일생 동안 변하지 않지만 혈액형이 다른 사람의 골수를 이식받으면 골수를 준 사람의 혈액형으로 바뀝니다.

11. 마지막 수업 _ 아직도 풀리지 않는 혈액형의 비밀

• 혈액형에 대한 많은 이야기가 있으나 의학적으로 확실하게 밝혀

진 사실은 ABO혈액형은 수혈이나 장기이식할 때 반드시 맞추어
한다는 점뿐입니다.

이 책이 도움을 주는 관련 교과서 단원

란트슈타이너가 들려주는 혈액형 이야기와 관련되는 교과서에 등장하
는 용어와 개념들입니다.

1. 중학교 1학년 – 8. 소화와 순환

- 이 단원의 목표는 혈구를 관찰하고 혈액의 조성과 기능을 이해하
  며, 모형이나 표본을 이용하여 사람의 심장 구조를 관찰하고, 혈
  액의 흐름을 이해합니다.

내용 정리

- 혈액은 온몸을 순환하면서 세포에 산소와 영양분을 공급하고, 세
  포에서 생긴 이산화탄소와 노폐물을 받아 운반하는 역할을 합
  니다.
- 혈액의 45%는 고형 성분인 혈구(적혈구, 백혈구, 혈소판)이고, 나머
  지 55%는 액체 성분인 혈장으로 되어 있습니다.

2. 고등학교 – 3. 순환

- 이 단원의 목표는 혈액의 성분과 역할을 학습하는 것입니다. 혈액
  형을 판정할 수 있습니다.

• 혈액형은 혈구의 응집 반응으로 혈청(응집소)과 적혈구막(응집원) 사이의 항원 항체 반응입니다.

• 토끼에게 붉은털 원숭이의 혈액을 주사하면 토끼의 혈액 속에 붉은털 원숭이의 혈액에 대한 항체가 만들어집니다. 이 토끼의 혈청에 사람의 혈액을 떨어뜨려 응집이 일어나면 Rh+, 응집이 일어나지 않으면 Rh-입니다.

보어가 들려주는
원자 모형 이야기

책에서 배우는 과학 개념

원자 모형과 관련되는 원리와 개념 및 용어들

교육과정과의 연계

구분	과목명	학년	단원	연계되는 개념 및 원리
중학교	과학	3학년	3. 물질의 구성	물질의 이루는 입자
고등학교	화학 II	3학년	2. 물질의 구조	원자 모형, 전자배치

책 소개

《보어가 들려주는 원자 모형 이야기》는 보어와 함께하는 9일간의 원자 모형 세계 여행으로, 물질과 원자의 관계에서부터 보어와 톰슨의 원자 모형까지 원자 모형에 대한 모든 비밀을 풀어봅니다.

이 책의 장점

1. '이 세상에서 가장 작은 알갱이는 무엇일까?' 라는 의문에서 시작해서 재미있게 원자의 세계에 대해 알아볼 수 있습니다.
2. 중학생들에게는 엑스선과 방사선, 전자와 양성자의 발견, 양자물리학과 원자 등 원자 모형에 관한 모든 궁금증을 풀어줍니다.
3. 중학교 과학과 교과과정인 물질의 구성 단원과 고등학교 화학에서 배우는 물질의 양자역학적 원자 모형으로의 연계학습에 대한 이해를 도와줍니다.

각 차시별 소개되는 과학적 개념

1. 첫 번째 수업 _ 물질과 원자
   • 돌턴은 모든 물질은 원자라는 눈에 보이지 않는 작은 알갱이로 구성되어 있다고 하고 볼트와 너트를 이용하여 원자 모형을 만들었습니다.
2. 두 번째 수업 _ 엑스선과 방사선 – 원자가 쪼개진다

- 뢴트겐은 금속에 음극선을 쏘아 넣었을 때 엑스선이 나온다는 것을 발견했지만, 베크렐은 우라늄을 가만히 놓아두었는데도 원자에서 감마선(방사선)이 나온다는 것을 발견했습니다. 이 발견으로 원자가 더 쪼개질 수도 있다는 것을 알아내게 되었습니다.

3. 세 번째 수업 _ 전자와 양성자의 발견
- 원자에서 감마선이 나온다는 것을 알게 되었고, 원자는 전자와 양성자로 구성되어 있음을 발견하게 됩니다.

4. 네 번째 수업 _ 톰슨의 원자 모형
- 작은 원자의 세계는 모형을 이용하여 설명하는데 원자 전체가 양성자이고 전자는 여기저기 박혀 있는 모형을 선보였습니다.

5. 다섯 번째 수업 _ 러더퍼드와 원자 모형
- 러더퍼드는 금박 실험을 통해 원자핵을 발견하고 원자핵을 중심으로 전자들이 돌고 있는 원자 모형을 제시했지만 완벽하지 않았습니다.

6. 여섯 번째 수업 _ 플랑크의 양자가설
- 에너지의 알갱이가 양자이고, 덩어리로 되어 있는 에너지를 다루는 물리학을 양자물리학이라 합니다.

7. 일곱 번째 수업 _ 보어의 원자 모형
- 러더퍼드의 원자 모형에 에너지는 양자화되어 있다는 플랑크 가설을 접목하여 원자호텔모형을 제시합니다.

8. 여덟 번째 수업 _ 양자물리학의 등장
- 양자물리학이란 불연속적인 물리량을 파동을 이용하여 다루고,

자연과학을 확률적으로 해석하는 물리학입니다.

- 양자물리학을 이용한 새로운 원자 모형을 양자역학적 원자 모형 이라고 합니다. 컴퓨터 같은 편리한 기계를 만들 수 있게 된 것도 양자역학적 원자 모형을 통해 원자 내부에서 일어나는 일을 이해 할 수 있었기 때문입니다.

  원자를 이루고 있는 양성자나 중성자는 쿼크라는 더 작은 알갱 이로 나누어집니다.

이 책이 도움을 주는 관련 교과서 단원

보어가 들려주는 원자 모형 이야기와 관련되는 교과서에 등장하는 용어 와 개념들입니다.

1. 중학교 3학년 1학기 – 3. 물질의 구성

- 이 단원의 목표는 라부아지에, 돌턴, 아보가드로 등에 의해 화학 변화의 양적 관계를 설명하는 여러 가지 법칙이 밝혀지는 과정에 서 물질의 입자 개념이 형성되었음을 인식하는 것입니다.

  다양한 종류의 원소를 원소기호로 표현하고, 원소기호를 이용하 여 간단한 분자를 화학식과 화합물로 나타내고, 화합물에서 원자 의 공간 배열을 정상적으로 이해합니다.

- **돌턴의 원자 모형의 수정** : 돌턴의 원자설 중 '원자는 더 이상 쪼 갤 수 없다' 는 설은 핵분열반응의 발견으로 원자가 쪼개진다는 새 로운 사실로 수정되며, '원자의 종류가 같으면 크기와 질량이 같 다' 는 설은 같은 원자라도 질량이 서로 다른 동위 원소의 발견으 로 수정되어야 합니다. 그러나 원자설의 가치가 근본적으로 허물 어진 것은 아닙니다.

- **원자 모형의 변천**
  - **돌턴** : 단단하고 쪼갤 수 없는 속이 찬 공과 같다.
  - **톰슨** : 양(+)전하와 음(−)전하가 고르게 분포되어 있습니다.
  - **러더퍼드** : 중심에 원자핵이 있고, 그 주위에 전자가 있습니다.
  - **보어** : 전자가 원자핵 주위의 일정한 궤도를 돌고 있습니다.
  - **현대** : 전자가 원자핵 주위에 구름처럼 퍼져 운동하고 있습니다.

- 원자는 양성자와 중성자가 모여 있는 원자핵과 원자핵을 둘러싸고 있는 전자로 구성되어 있습니다. 원자핵 속의 양성자는 양(+)전하 를 띠며, 전자는 음(−)전하를 띠고 있는데, 양성자와 전자의 전기 량은 똑같기 때문에 원자는 전기적으로 중성을 나타냅니다.

- 원소기호와 원자 수를 숫자로 써서 분자 1개가 어떤 원자 몇 개로 구성되었는가를 나타낸 식을 **분자식**이라고 합니다.

- **물질을 보는 두 가지 입장 :** 연속설(입자는 무한히 계속 작게 쪼개질 수 있으며, 자연에서 진공 상태는 존재하지 않는다), **입자설**(불연속설)

베게너가 들려주는 대륙 이동 이야기

책에서 배우는 과학 개념

지구의 구조와 대륙 이동에 관한 원리와 개념 및 용어들

교육과정과의 연계

구분	과목명	학년	단원	연계되는 개념 및 원리
중학교	과학	2학년	6. 지구의 역사와 지각 변동	지각 변동
고등학교	지구과학 I	2학년	2. 살아 있는 지구	지각 변동, 판 운동, 해양의 변화
고등학교	지구과학 II	3학년	1. 지구의 물질과 지각 변동	지각 변동, 판구조론

《베게너가 들려주는 대륙 이동 이야기》는 대륙이동설을 지형, 지질, 화석, 기후의 증거, 고생물의 증거들이 뒷받침하고 있음을 베게너의 설명으로 들을 수 있도록 하였습니다. 전쟁터에서 부상 당해 오랫동안 병상에 누워있던 베게너는 누구나 즐기던 '서로 떨어져있는 대륙의 해안선이 닮았다' 는 작은 농담을 위대한 과학 이론으로 탄생시켰습니다. 그리고 베게너의 이론을 바탕으로 우리는 지구를 보는 시야를 넓히게 된 것입니다. 우연처럼 시작된 베게너의 이론이지만 그것은 결코 우연이 아닌 위대한 호기심의 시작이었습니다.

이 책의 장점

1. 초등학생들에게 대륙이동설뿐만 아니라 그와 관계된 여러 이론을 쉽게 이해할 수 있도록 설명하고 있습니다. 또 그 배경 이야기까지 곁들이고 있어 더욱 흥미롭습니다.

2. 20세기 초반에서 중반의 지구 이론을 접할 수 있는 기회를 제공하고 있습니다.

3. 이 책을 통해 작은 발견 하나를 소중히 여기고, 앞선 과학자들의 생각을 배우며, 우리의 지구가 겪은 많은 사건들을 이해하게 될 것입니다.

4. 이 책은 베게너의 대륙이동 이야기로부터 시작하여 그 증거들을 찾아가고, 또 맨틀이 대류하면서 해저가 확장한다는 이야기로 전

개됩니다. 그러나 이 책은 그저 과학적 이론의 설명만을 목적으로 하지 않았습니다. 20세기 지구 이론은 지구를 사랑하고 지구를 좀 더 자세하게 이해하려던 사람들의 이야기라고 해도 좋습니다. 그 사람들의 생각에는 옳은 부분도 그릇된 부분도 있습니다. 하지만 그 모든 생각들이 기초가 되어 우리는 지구를 보다 깊이 이해하게 될 것입니다.

각 차시별 소개되는 과학적 개념

1. 첫 번째 수업 _ 해안선이 닮았네요

- 서로 멀리 떨어져 있는 아프리카 대륙의 동쪽 해안과 남아메리카 의 서쪽 해안, 호주의 남쪽 해안과 남극의 북쪽 해안의 해안선이 서로 닮아 있다는 것은 약 3억 년 전의 지구가 '판게아(Pangaea)' 라는 거대한 하나의 땅과 '판다라사(Panthalassa)'라는 거대한 하 나의 바다로 이루어졌다가 대륙이 분열하고 이동하였다는 증거 입니다.

2. 두 번째 수업 _ 메소사우루스

- 붙어 있던 대륙이 갈라지기 전에 그곳에서 살았던 생물의 흔적 (화석)들이 연속적으로 이어지는 것도 중요한 대륙이동의 증거입 니다. 이것을 '고생물의 증거'라고 합니다.

3. 세 번째 수업 _ 대서양에 거대한 육교가 있었을까?

- 멀리 떨어진 두 대륙에서 같은 종류의 생물화석이 발견된 것이

두 대륙간에 거대한 육교가 있다 사라졌다는 것을 의미하지는 않습니다. 지각은 높은 만큼 맨틀 아래로 깊어야 균형을 잡는다는 '지각평형설(아이소스타시)'에 따르면 길게 연결되어 있던 땅이 하루아침에 사라질 수는 없습니다.

4. 네 번째 수업 _ 적도에 빙하가 있었나요?

- 빙하에 의한 마찰흔적(빙하찰흔)이 있는 빙하 퇴적암이 적도지역에 나타나는 이유는 3억 년 전 판게아 때 남극과 붙어 있던 대륙이 적도 지역으로 이동하였다는 증거입니다.

5. 다섯 번째 수업 _ 무엇이 대륙을 이동시키나요?

- 뜨거운 맨틀 위에는 대륙이 있고 대륙은 맨틀의 순환 과정에서 생기는 '수평이동'에 실려 움직일 수 있다는 '맨틀대류설'이 대륙 이동의 힘을 설명해 줍니다.

6. 여섯 번째 수업 _ 산맥은 어떻게 만들어지나요?

- 맨틀 대류에 의해 수평으로 힘이 생기고 대륙 주변부의 지표에는 지향사라는 움푹 팬 지형이 생기고 퇴적물이 쌓입니다. 이 퇴적물은 계속 옆으로 밀어붙이는 힘에 의해 솟구쳐 올라 산맥이 됩니다.

7. 일곱 번째 수업 _ 해저가 갈라져요

- 해저의 지형에 높이 솟은 '해령'과 아주 깊은 골짜기인 '해구'가 쌍으로 나타나고, 해저의 암석이 마그마가 굳어 생기는 현무암으로 이루어져 있으며, 해저 지각이 갈라지고 변하는 '해저확장설' 등이 맨틀 대류와 대륙 이동의 증거입니다.

8. 여덟 번째 수업 _ 얼룩말의 줄무늬와 닮았네요

- 해저 지각의 자기장의 정상과 역전이 얼룩말 무늬처럼 띠 모양으로 규칙적이고, 이 줄무늬의 한가운데에 해저 지각의 해령이 위치하는데 왜 그런 걸까요?

9. 마지막 수업 _ 땅의 컨베이어 벨트

- 해저의 지각은 맨틀 대류가 상승하는 해령에서 탄생하고 대류의 수평운동으로 움직이는 컨베이어 벨트를 타고 이동하다가 해구에서 맨틀로 돌아가면서 맨틀 대류의 순환이 완성됩니다. 또한 지구 자기장으로부터 얻을 수 있는 또 하나의 정보 역시 판게아 시대에는 유럽과 북아메리카가 서로 붙어 있었다는 것을 증명합니다.

이 책이 도움을 주는 관련 교과서 단원

베게너가 들려주는 대륙 이동 이야기와 관련되는 교과서에 등장하는 용어와 개념들입니다.

1. 중학교 2학년 – 6. 지구의 역사와 지각 변동

- 이 단원의 목표는 지층에 나타난 퇴적물의 모양과 화석을 조사하여 지층이 퇴적될 때의 환경을 추론합니다. 화석모형 만들기 실험으로 화석이 만들어지는 과정을 알아보고, 표준화석과 시상화석을 통하여 퇴적물이 쌓인 시대와 그 당시의 환경을 추리합니다. 상대 연령과 절대 연령을 이해하고, 지질연대표를 이용하여 지질

시대와 과거의 생물이 살았던 당시의 환경을 추측합니다. 모형 실험을 통하여 부정합의 형성 과정을 이해하고, 습곡, 단층, 부정합의 구조를 지각 변동과 관련짓습니다. 지형에 나타나는 융기·침강의 증거를 찾아 조륙 운동을 설명하고, 습곡 산맥의 구조를 통하여 조산 운동을 이해합니다. 지각은 여러 개의 판으로 이루어져 있음을 이해하고, 판구조와 대륙 이동을 지지하는 증거를 조사합니다.

내용 정리

- **화석의 가치** : 모든 생물이 화석으로 남는 것이 아니고 극소수의 생물만이 화석으로 남게 되므로, 화석은 지구의 역사와 고생물의 연구에 매우 중요한 자료입니다.

- **맨틀의 대류** : 맨틀에서는 오랜 세월에 걸쳐 천천히 대류가 일어나며, 이 대류에 의하여 맨틀 위에 있는 대륙이 이동한다고 생각됩니다.

- **대륙 이동설**(베게너) : 약 3억 년 전에 하나로 뭉쳐져 있었던 대륙이 갈라지면서 갈라진 대륙 사이에 바다가 생기고, 갈라진 대륙들이 더욱 멀리 이동하면서 현재와 같은 대륙 분포를 이루게 되었습니다.

- **대륙 이동의 증거**
  - 대륙간 해안선의 일치 : 마주보는 대륙의 해안선이 잘 들어맞습니다.

- **빙하의 분포와 흔적** : 대륙이 한 덩어리였다고 가정하면, 빙하에 의해 암석 표면에 새겨진 흔적의 방향이 빙하가 움직인 방향과 잘 일치합니다.

- **멀리 떨어진 대륙에서 같은 종의 화석 발견** : 글로솝테리스, 메조사우루스 등과 같은 고생물 화석이 멀리 떨어진 대륙에서 발견됩니다.

- **지질 구조의 연속성** : 지층과 산맥이 멀리 떨어진 대륙에서도 연결됩니다.

윌머트가 들려주는
복제 이야기

책에서 배우는 과학 개념

복제와 관련된 원리와 개념 및 용어들

교육과정과의 연계

구분	과목명	학년	단원	연계되는 개념 및 원리
중학교	과학	1학년	6. 생물의 구성	생물체의 구성, 세포
		3학년	1. 생식과 발생	세포분열, 생식과 발생
고등학교	생물 I	2학년	7. 생식 8. 유전	생식, 수정 유전자
	생물 II	3학년	3. 생명의 연속성 5. 생물학과 인간의 미래	염색체, 유전자 생명과학, 생명윤리

《윌머트가 들려주는 복제 이야기》는 세계 최초로 복제양 돌리를 만든 이언 윌머트 박사가 10일간의 수업을 통해 복제에 대해 설명하고 있습니다. 그동안 복제 연구를 했던 과학자들의 연구 내용을 살펴보면서, 많은 과학자들의 노력이 있었기에 오늘날과 같은 연구 결과를 얻을 수 있었다는 것을 알게 됩니다.

또한 현재의 복제 기술로 할 수 있는 일과 할 수 없는 일을 알아보고, 복제 기술의 발달로 복제 인간이 나타나게 된다면 어떤 문제점이 있을 수 있는지 생각해 보는 계기가 될 것입니다.

이 책의 장점

1. 이 책을 통해 우리나라뿐만 아니라 세계적으로도 논쟁이 되고 있는 복제 과학 기술의 기초를 알 수 있습니다.

2. 단지 영화나 소설의 소재라고 생각했던 복제가 과학 기술의 발달로 어느덧 실현 가능한 일이 되었습니다. 더구나 현재는 인간 복제에 대한 이야기도 심심치 않게 나오고 있습니다. 이와 더불어 복제를 찬성하는 사람들과 반대하는 사람들의 논쟁도 점점 거세지고 있는 상황입니다. 이런 현 상황에 대해 고민해 보고 가치관을 정립하는 계기가 될 것입니다.

3. 이 책을 통해 생명의 신비에 관심을 가지고, 주변에서 일어나는 일에 '왜 그럴까?' 라는 호기심을 가지며, 더불어 미래의 생명과학에

대한 흥미를 가지게 될 것입니다.

각 차시별 소개되는 과학적 개념

1. 첫 번째 수업 _ 복제가 뭐죠?

- 복제란 본디의 것과 똑같은 것을 만들어 내는 것을 말합니다. 이론적으로 그 생물의 세포에서 유전정보가 담긴 핵을 빼내어 새로운 생물을 만들면 클론이 됩니다.

2. 두 번째 수업 _ 식물도 복제가 되나요?

- 식물은 그 일부분을 잘라 새로 심으면 원래의 식물로 자라는 영양생식으로 복제됩니다.

3. 세 번째 수업 _ 발생에 관한 의문

- 난자와 정자가 수정되어 다자란 동물이 되는 과정을 발생이라고 합니다. 수정란은 작은 세포로 나뉘면서 유전정보도 점점 나뉘게 됩니다. 따라서 몸의 각 기관을 이루는 세포는 그 기관에 대한 정보만을 가지고 있습니다.

4. 네 번째 수업 _ 복제의 역사

- 1996년 영장류 연구센터의 돈 울프 박사팀은 원숭이의 수정란이 8개의 세포로 나뉘었을 때 이들을 각각 분리하고, 핵을 떼어 내어 핵을 없앤 난자 속에 넣은 뒤 유전적으로 같은 형질을 가진 수정란을 만들었습니다. 이 수정란을 대리모의 자궁에 넣어 같은 유전 형질을 가진 복제 원숭이 8마리를 만들어 포유류의 복제도

가능하다는 것을 증명하였습니다.

5. 다섯 번째 수업 _ 복제양 돌리를 만들어 볼까요?

- 1996년 7월, 다 자란 양의 체세포를 이용해 최초의 복제양 돌리
  가 태어났습니다. 뽑아낸 체세포에 양분이 없으면 세포분열은 일
  어나지 않고 쉬는 상태가 되는데 이때 핵 속에 들어있는 유전정
  보들은 아주 활동적인 상태가 되어 우리 몸을 이루는 모든 것을
  만들 수 있게 됩니다.

6. 여섯 번째 수업 _ 복제된 것인지 어떻게 알 수 있을까요?

- 복제양 돌리는 체세포 핵을 제공한 양의 형질을 그대로 물려받게
  되는데 복제를 확인하기 위해서 DNA를 자르는 용액을 사용하여
  잘라진 'DNA 지문'으로 확인할 수 있었습니다.

7. 일곱 번째 수업 _ 복제로 할 수 있는 일 1

- 복제를 이용해 멸종 위기에 있거나 이미 멸종된 동물을 복원할
  수 있습니다.

8. 여덟 번째 수업 _ 복제로 할 수 있는 일 2

- 유용한 물질을 생산하는 동물을 만들고, 인간의 장기를 가진 동
  물을 만들어 장기이식을 할 수 있습니다.

9. 아홉 번째 수업 _ 복제 인간을 만들 수 있어요

- 줄기세포는 배아나 제대혈, 성체세포에서 얻을 수 있는 만능세포
  로 일반 세포와는 달리 어떤 조직으로든 만들어질 수 있습니다.

줄기세포를 만드는 방법에는 여러 가지가 있지만 인간 복제와 연관되는 것은 배아줄기세포입니다.

10. 마지막 수업 _ 복제의 문제점은 무엇일까요?

• 세포의 나이는 염색체 끝 부분인 텔로미어의 길이를 보고 알 수 있습니다. 텔로미어는 세포가 분열할 때마다 조금씩 짧아집니다. 난자의 미토콘드리아에는 작은 세포 소기관이 있는데, 이곳에 아주 작은 양이지만 DNA가 들어 있어 영향을 미치게 되므로 좋은 형질을 가진 동물을 복제하지 못할 수도 있습니다.

이 책이 도움을 주는 관련 교과서 단원

윌머트가 들려주는 복제 이야기와 관련되는 교과서에 등장하는 용어와 개념들입니다.

1. 중학교 1학년 – 6. 생물의 구성

• 이 단원의 목표는 현미경을 사용하여 동물세포와 식물세포를 관찰하며, 세포의 구조를 비교하여 동물세포와 식물세포의 공통점과 차이점을 발견하고, 생물은 세포로부터 조직, 기관 등을 거쳐 체계화된 개체를 구성함을 이해하는 것입니다.

- **원형질** : 세포에서 살아 있는 부분으로 생명 활동이 일어납니다.
- **핵** : 유전 물질(DNA)이 들어 있으며, 생명 활동의 중심이 됩니다. 대부분의 세포에 한 개씩 들어 있습니다.
- **세포질** : 핵을 둘러싸고 있는 유동성 물질로, 많은 세포기관들이 분포하고 있습니다.
- **세포막** : 세포 안팎으로의 물질 이동을 조절합니다.

2. 중학교 3학년 – 1. 생식과 발생

- 이 단원의 목표는 생물체는 세포분열을 통하여 생장하고 번식함을 이해하며, 세포분열의 관찰을 통하여 염색체의 행동을 조사하고, 체세포분열과 생식세포분열의 특징을 비교하는 것입니다. 여러 가지 생물의 생식방법을 조사하여 무성생식과 유성생식을 비교하고, 사람의 생식기관의 구조와 기능을 이해합니다. 속씨식물과 척추동물의 수정 및 그 발생 과정을 이해하고, 사람의 임신과 출산 과정을 이해합니다.

- **세포분열** : 한 개의 세포가 둘로 나누어지는 것으로, 체세포에서 일어나는 체세포분열과 생식세포를 만들 때 일어나는 감수분열로 구분됩니다.
- **생식의 뜻** : 생물이 종족을 유지하기 위하여 자기와 닮은 자손을

남기는 것

• **발생** : 수정란은 세포분열을 계속하여 수정 후 3개월 정도 지나면 대부분의 기관이 형성됩니다.

• **수정** : 배란된 난자가 수란관의 상부에서 정자와 결합하는 것을 수정이라고 하며, 수정된 난자를 수정란이라고 합니다.

다윈이 들려주는
진화론 이야기

책에서 배우는 과학 개념

진화와 진화론에 관한 기본 원리 및 개념

교육과정과의 연계

구분	과목명	학년	단원	연계되는 개념 및 원리
중학교	과학	3학년	8. 유전과 진화	생물의 진화
고등학교	생물 II	3학년	3. 생명의 연속성	생물의 진화

책 소개

《다윈이 들려주는 진화론 이야기》는 진화론과 이를 둘러싼 매우 흥미로운 이야기들을 다윈이 직접 설명을 통해 들려주고 있습니다. 생명의 다양성과 단일성, 용불용설과 자연선택설, 유전자 풀, 종의 기원 등 진화의 근거와 의미를 쉽게 풀어가고 있습니다.

이 책의 장점

1. 생명의 다양성과 유사성의 원인을 사고해보는 구조로 진화의 이야기를 진행하며 흥미를 돋우고 있습니다.
2. 용불용설과 자연선택설의 차이와 각각의 개념을 이해할 수 있게 해 주며 진화의 증거를 제시합니다.
3. 유전에 대한 근거와 인류의 역사를 태고 적부터 지금까지 연대기적으로 생각해 보는 계기가 될 것입니다.

각 차시별 소개되는 과학적 개념

1. 첫 번째 수업 _ 생명의 다양성과 단일성

   • 지구상에 사는 생물의 종류는 약 10억 종이나 되지만 모든 생명체는 물질을 합성하고 분해하는 유사한 과정으로 생명을 유지합니다. 어떻게 이런 다양성과 단일성의 공존이 가능할까요? 답은 바로 진화입니다.

2. 두 번째 수업 _ 진화의 증거

- 꼬리뼈나 충수같이 옛날에는 중요한 어떤 역할을 했겠지만 지금은 어디에도 쓸모없는 기관을 흔적기관이라 합니다. 또, 동일한 기관에서 유래되어 그 구조가 비슷한 것을 상동기관이라고 하고, 서로 다른 종간에 독립적으로 진화해 왔지만 비슷하게 된 구조를 상사기관이라 합니다.

3. 세 번째 수업 _ 기린의 목은 어떻게 길어졌는가?

- 프랑스 박물학자 라마르크는, 사용하는 기관은 유전하고 사용하지 않는 기관은 퇴화한다는 용불용설을 주장하였지만 '획득형질은 유전되지 않는다' 는 약점이 있습니다. 그래서 다윈은 집단에 변이가 있음을 착안하여 그 집단은 유리한 형질을 가진 개체로 어느새 구성되게 된다는 자연선택설을 주장하였습니다.

4. 네 번째 수업 _ 진화란 무엇인가?

- 진화란 어떤 한 개체의 변화가 아니라 개체들이 모인 집단의 변화 즉, 개체군의 변화를 말합니다.

5. 다섯 번째 수업 _ 유전자 풀

- 집단을 구성하는 모든 개체들이 가지고 있는 유전자를 통틀어 유전자 풀이라고 하고, 진화는 유전자 풀에서의 변화를 말합니다.

6. 여섯 번째 수업 _ 진화를 야기하는 요인

- 우연, 두 집단간 유전자 이동과 돌연변이, 그리고 자연선택에 의해 진화할 수 있습니다.

7. 마지막 수업 _ 종이란 무엇일까요?

- 서로 교배하여 번식력 있는 자손을 낳을 수 있는 한 집단을 하나의 종이라고 합니다.

다윈이 들려주는 진화 이야기와 관련되는 교과서에 등장하는 용어와 개념들입니다.

1. 중학교 3학년 - 8. 유전과 진화

- 이 단원의 목표는 멘델의 유전 법칙을 통해 유전의 기본 원리를 이해하고, 중간 유전 현상과 멘델의 법칙의 차이점을 이해하는 것입니다. 사람의 유전을 연구하는 방법과 여러 가지 유전 현상의 예를 들고, 가계도를 이용하여 각 개인의 유전자형을 추리합니다. 생물이 진화해 왔다는 증거를 조사하고, 생물이 진화해 온 원인이나 과정에 대한 학자의 학설을 비교하고 종합하여 이해합니다.

내용 정리

- **용불용설의 내용 :** 생물은 환경이 변하면 그 환경에 적응하기 위하여 변화해 가는데, 자주 사용하는 기관은 발달하고, 사용하지 않는 기관은 퇴화합니다. 그리고 이렇게 변화된 형질이 자손에게 전해져서 진화가 일어납니다.
- **적자생존과 자연선택 :** 생존경쟁의 결과 환경에 잘 적응한 개체가 살아남는데(적자생존), 이것을 자연선택이라고 합니다.

- **형질의 유전과 신종 형성** : 자연선택되어 살아남은 개체는 적응에 유리한 형질을 자손에게 물려주게 되고, 대를 거듭할수록 이러한 변이가 누적되어 조상과 다른 새로운 종이 생깁니다.
- **진화의 증거** : 화석상의 증거, 형태상의 증거, 발생상의 증거, 생물 분포상의 증거, 분류상의 증거, 분자 생물학상의 증거 등으로 나눌 수 있습니다.

2. 고등학교 - 3. 생명의 연속성

- 이 단원의 목표는 여러 가지 진화설을 이해하고 자연선택설의 논리 전개 과정을 알아보는 것입니다.

내용 정리

- **과잉 생산** : 생물은 그들이 살고 있는 환경이나 먹이의 양에 비하여 많은 수의 자손을 낳는 것을 의미합니다.
- **생존경쟁** : 개체수가 많아지면 생물들 간에 계속 존재하기 위한 경쟁이 일어납니다.
- **적자생존과 자연선택** : 모든 생물은 개체마다 변이가 있으며, 이들 중에 환경에 유리한 형질을 가진 개체가 살아남고, 환경에 적합하지 않은 개체는 도태됩니다.
- **종의 다양화** : 자연선택된 형질이 다음 대에 전달되고, 이와 같은 일이 계속 반복되면 선택의 누적 현상으로 결국 새로운 종이 생겨나 종이 다양해집니다.

- **생물의 진화**는 유전적 입장에서 염색체와 유전자의 돌연변이에 기초를 두고 이루어지며, 여기에 자연선택, 격리 등의 과정이 첨가되어 새로운 종의 분화가 일어납니다.

과학자들이 들려주는 과학 이야기 37

코리올리가 들려주는
대기현상 이야기

책에서 배우는 과학 개념

대기 현상과 관련된 기본 원리 및 개념

교육과정과의 연계

구분	과목명	학년	단원	연계되는 개념 및 원리
초등학교	과학	3학년 1학기	3. 기온과 바람 5. 날씨와 우리생활	공기의 이용, 특징, 기온변화, 날씨과학
		5학년 1학기	3. 기온과 바람 8. 물의 여행	기온변화, 바람이 부는 이유, 이슬, 안개, 구름, 비
		6학년 2학기	2. 일기예보 4. 계절의 변화	날씨, 밤낮의 기온변화
중학교	과학	1학년	1. 지구의 구조	대기권의 구조

구분	과목명	학년	단원	연계되는 개념 및 원리
중학교	과학	3학년	4. 물의 순환과 날씨 변화	대기, 바람, 일기
고등학교	과학1	1학년	5. 지구	대기와 해양
	지구과학 I	2학년	2. 살아 있는 지구	대기 중의 물
	지구과학 II	3학년	2. 대기의 운동과 순환	대기 안정도, 대기운동, 대기 순환

책 소개

《코리올리가 들려주는 대기현상 이야기》는 10일간의 대기현상 세계 여행으로 비, 눈, 태풍에서부터 오존과 온실 효과까지 대기현상에 대한 의문을 코리올리와 함께 풀어봅니다. 대기현상이라고 하면, 심도 깊은 과학적 이론과는 거리가 먼 것으로 인식할 수가 있지만 우리 곁에서 일어나는 자연스런 일기현상들에 과학적 원리가 숨어 있습니다. 이 책은 우리가 쉽게 접할 수 있는 대기현상을 예로 들기 때문에 과학적 접근이 용이할 뿐만 아니라 보다 더 흥미롭게 학습할 수 있도록 만들어졌습니다.

이 책의 장점

1. 오로라 같은 자연현상을 보고 그저 감탄하는 것에 그치지 않고, 오로라는 왜 발생하고, 왜 극지방에서만 관찰이 가능한지를 생각하게 해 줍니다.
2. 전향력이 왜 생기는지, 번개와 피뢰침의 관계, 태풍의 진로, 대기 안정과 전선 등을 사고하고 실험하면서 그 속에 담긴 자연 원리를 알차고 충실히 터득하도록 구성되어 있으며, 지구 대기와 오로라,

대기 순환과 전향력, 대기오염 등 대기현상의 놀라운 사실과 원리를 쉽게 풀어주고 있습니다.

3. 단순히 대기현상에 대한 과학적 접근을 할 뿐만 아니라 대기오염과 관련하여 문제가 되는 산성비 등이 우리 생활에 어떻게 영향을 주고 있는지에 대해서도 이야기하고 있습니다.

각 차시별 소개되는 과학적 개념

1. 첫 번째 수업 _ 지구 대기와 오로라

- 지구 대기를 수직방향의 기온 분포에 따라서 대류권, 성층권, 중간권, 열권으로 나눕니다. 오로라는 전기를 띤 작은 입자들이 열권 언저리에 머물고 있는 지구 대기와 마찰을 하면서 형형색색의 영롱한 불꽃을 만들어 보이는 현상입니다.

2. 두 번째 수업 _ 대기 순환과 전향력

- 지구가 구형이고 23.5° 기울어져 있기 때문에 적도 지역은 태양 에너지가 남고, 극지방은 에너지가 모자라는 불균등이 생깁니다. 이때 대기가 적도의 열을 극지방으로 옮겨주는데 이것을 대기 순환이라 합니다. 고위도와 저위도의 자전 속도를 선속이라 하는데 저위도의 선속은 고위도의 선속보다 큽니다. 대기와 바람은 지구 자전의 영향으로 오른쪽으로 휘게 되는데 이 힘을 전향력이라고도 하고 '코리올리의 힘'이라고도 합니다.

3. 세 번째 수업 _ 오존과 온실 효과

- 오존에는 대기 중에서 인체에 피해를 주는 해로운 오존도 있고, 상공에서 오존층을 형성해 유해한 자외선을 차단해 주는 오존도 있습니다. 오존층이 파괴되면 자외선은 큰 폭으로 증가하여 들어옵니다. 또한 지구는 태양으로부터 받은 빛을 다 흡수하지 않고 일부를 반사해서 보내는데 이때 대기 중의 이산화탄소와 수증기, 오존이 지구가 반사한 빛의 일부를 재흡수해 다시 지구 안으로 태양에너지를 가지고 오며 이것을 '온실 효과'라고 합니다. 이 온실 효과가 지나치면 빙하가 녹고 해수면이 상승하는 등 지구생태계 전반에 문제가 생깁니다.

4. 네 번째 수업 _ 대기오염과 관련하여

- 대기오염은 광학스모그와 산성비를 낳는 주요인입니다. 스모그는 대기 중의 질소산화물과 탄화수소, 이산화황이 빛을 받고 수증기와 결합하여 발생합니다. 석탄과 석유를 태울 때 생기는 이산화황이 수증기와 섞여 아황산이 되고, 아황산이 산소와 만나서 황산이 되는데 비와 함께 붙어 내려오면 산성비가 됩니다. 산성비는 농작물에 피해를 주고 석회암과 대리석 등으로 만들어진 문화유산을 훼손합니다.

5. 다섯 번째 수업 _ 비와 관련하여

- 비는 대기 중의 수증기가 응축하고 냉각되어 떨어지는 것입니다. 번개는 구름과 구름, 구름과 지상 사이에 높은 전압 차가 생기면 극히 짧은 시간 동안에 엄청난 에너지의 전류가 지상으로 흐르는 것입니다. 번개로 인한 위험을 피하기 위해 높은 곳에 뾰족한 피

뢰침을 답니다. 장마는 서로 맞부딪친 기단(넓은 지역에 장시간 머물 며 지표와 비슷한 성질을 가지게 되는 공기)의 세기가 비슷해 어느 쪽으로 밀리지 않고 한곳에 오래 머물게 되는 정체전선입니다.

6. 여섯 번째 수업 _ 태풍

- 지구 상공에 떠서 움직이는 대기는 북위 30° 이남에서는 북도에서 남서쪽으로 향하고, 30° 이북에서는 남서에서 북동쪽으로 향합니다. 태풍의 회전방향은 시계방향의 전향력을 받는 대기와 달리 태풍의 중심이 저기압이기 때문에 반시계방향으로 회전하며 주위의 모든 것을 쓸어 담으며 전진합니다.

7. 일곱 번째 수업 _ 눈의 이모저모

- 구름 속 물 분자가 고체 상태로 달라붙어서 지상으로 떨어지는 것을 눈이라 합니다. 눈은 기온이 영하여야 하고 대기 중에 충분한 수증기가 있어야 만들어집니다. 그래서 수증기가 잘 달라붙는 영하 10℃ 정도에 눈송이가 큰 함박눈이 내립니다. 눈 결정모양이 다양한 이유는 육각기둥의 기본형에 물 분자가 다양하게 붙기 때문입니다.

8. 여덟 번째 수업 _ 엘니뇨와 이상 기후

- 엘니뇨는 태평양 적도 인근의 해수면 온도가 비정상적으로 상승하면서 나타나는 기상이변을 말하고, 라니냐는 적도 근방의 해수면 온도가 비정상으로 낮아지는 자연 현상으로 지구촌에 많은 기후 대혼란을 일으킵니다.

9. 아홉 번째 수업 _ 대기 안정과 관련하여

- 찬 기단과 더운 기단이 만나면 찬 기단은 아래로 더운 기단은 위로 갑니다. 이때 찬 공기의 기세가 약하면 안정한 형태의 층운형 구름이 만들어지는데 난층운, 고층운, 권층운, 권운 등이 있습니다. 그러나 찬 공기의 위세가 강하면 불안정한 형태의 적운형 구름이 만들어지고 적란운이 대표적입니다. 대기는 상승과 하강을 하면서 단열 팽창과 단열 압축을 하는데, 팽창과 수축을 하면서 내부의 열을 그대로 유지합니다.

10. 마지막 수업 _ 일기 예측과 관련하여

- 기상정보를 경영에 도입하는 날씨 마케팅이 중요해지고 있습니다.

이 책이 도움을 주는 관련 교과서 단원

코리올리가 들려주는 대기현상 이야기와 관련되는 교과서에 등장하는 용어와 개념들입니다.

1. 초등학교 5학년 1학기 – 3. 기온과 바람

- 이 단원의 목표는 일정한 시간 간격으로 하루 동안의 기온을 측정하고, 일주일 동안 매일 같은 시각의 기온을 측정하여 그래프로 나타내고, 기온의 변화를 이해하는 것입니다. 물과 흙을 가열하는 실험을 통하여 수면 위의 공기와 지면 위의 공기의 온도 변화가 다름을 추리하고, 대류 상자 실험을 통하여 해풍과 육풍이 부는 현상을 이해합니다.

- **바람** : 두 곳의 온도차가 있을 때 공기가 찬 곳에서 따뜻한 곳으로 이동하는 현상.

- **해풍이 부는 이유** : 육지가 빨리 데워짐, 육지 주위의 공기가 올라감, 바다 주위의 공기가 육지 주위로 이동

2. 초등학교 6학년 2학기 - 2. 일기예보

- 이 단원의 목표는 공기의 이동, 기온, 습도 등의 특징을 중심으로 일기도를 보고 우리나라의 날씨를 계절별로 조사하는 것입니다.

- 공기가 누르는 압력을 **기압**이라고 합니다.

- 우리 주변은 공기로 둘러싸여 있습니다.

- 기압은 공기의 무게 때문에 생깁니다.

- 기압은 시간과 장소에 따라 다른데, 주위보다 기압이 높은 것을 **고기압**이라고 하며, 주위보다 기압이 낮은 것을 **저기압**이라고 합니다.

- 고기압에서 저기압으로 공기가 움직이는 것을 **바람**이라고 합니다.

- 높은 산일수록 공기가 희박하여 기압이 낮아집니다

- 높은 산에서 밥을 지으면 낮은 온도에서 물이 끓기 때문에 밥이 잘 익지 않습니다.

- 높은 산에서는 기압이 낮기 때문에 물이 쉽게 끓습니다.
- 기압은 사방에서 작용합니다.

3. 중학교 1학년 1학기 - 1. 지구의 구조

- 이 단원의 목표는 대기권을 기온의 연직 분포에 따라 대류권, 성층권, 중간권, 열권 등으로 구분하고 각 층에서 일어나는 변화의 특징을 살펴보고 지구 내부의 층상 구조를 이해하는 것입니다.

내용 정리

- **대기권**은 높이에 따른 온도 변화에 따라 대류권, 성층권, 중간권, 열권의 4개의 층으로 구분됩니다.
- 지표로부터 약 20~30km의 구간에 오존층이 존재하며, 오존층은 태양으로부터 오는 자외선을 흡수하여 지구상의 생물을 보호합니다.
- 극지방에서는 청백색 또는 황록색의 오로라(극광) 현상이 나타납니다.
- 이산화탄소와 같은 기체들은 태양의 복사에너지는 잘 통과시키지만 지구가 방출하는 복사 에너지를 가로막아 지표의 온도를 높이는 역할을 하고 있는데 이 같은 현상을 온실 효과라고 합니다.

4. 고등학교 – 2. 살아 있는 지구

- 이 단원의 목표는 등압선의 수직구조를 이해하고 대류가 일어남을 설명하는 것입니다. 해륙풍과 산곡풍의 원인, 계절풍의 발생과 영향, 대기 대순환의 원인과 모습을 살펴봅니다.

내용 정리

- 겨울에 한랭 고기압의 공기 유입(시베리아 고기압의 찬 공기)

  : 대륙 → 해양으로 공기 이동

- 여름에 북태평양상의 온난 고기압의 공기 유입(북태평양 고기압의 더운 공기) : 해양 → 대륙으로 공기 이동

- **대기 순환**

  – 원인 : 위도에 따른 태양 고도 차이로 태양 복사량이 다르므로 고위도와 저위도간의 에너지 차이가 발생하여 순환이 일어납니다. 이에 지구 자전의 영향을 받아 북반구는 오른쪽으로 남반구는 왼쪽으로 편향되어 대기 순환은 더욱 복잡해집니다.

  – 역할 : 남북간 에너지 차이를 해소하기 위하여 저위도의 열을 고위도로 수송하며, 중위도 고압대에서 많이 증발되는 수증기를 다른 곳으로 운반하여 비로 내리게 함으로써 에너지를 분배하여 장기간에 걸쳐 각 지방의 평균 온도를 일정하게 유지시킵니다.

5. 고등학교 – 2. 대기의 운동과 순환

• 이 단원의 목표는 계절풍의 발생 원인과 우리나라의 계절풍의 특성을 이해하는 것입니다.

내용 정리

• 극지방과 적도지방 사이의 온도차 때문에 대기의 순환이 일어나며, 지구 자전의 영향으로 풍계가 편동풍과 편서풍으로 됩니다.

• 날씨는 기압의 배치나 전선의 위치 등에 따라 달라지므로 날씨의 변화를 알기 위해서는 일기도를 작성하고 기상위성에서 찍은 구름 사진 등의 자료를 참고로 고기압, 저기압, 전선 등의 이동 모습을 추적하면 됩니다.

페르미가 들려주는
핵분열, 핵융합 이야기

책에서 배우는 과학 개념

핵분열과 핵융합의 전반적인 내용

교육과정과의 연계

구분	과목명	학년	단원	연계되는 개념 및 원리
중학교	과학	3학년	3. 물질의 구성 5. 물질 변화의 규칙성	원소, 질량
고등학교	물리 II	3학년	3. 원자와 원자핵	핵분열, 핵융합

책 소개

《페르미가 들려주는 핵분열, 핵융합 이야기》는 핵물리학자인 페르미가 들려주는 강의 형식으로 진행되며 핵분열과 핵융합에 대해서 이야기하고 있습니다. 핵분열과 핵융합은 모두 핵반응으로, 막대한 에너지를 방출한다는 공통점을 갖고 있습니다. 그러나 에너지를 만들어내는 과정이 다르고, 그로부터 생성되는 결과물 또한 다릅니다. 이 책을 통해 핵분열과 핵융합의 전반적인 내용을 접하게 될 것이며, 핵반응의 숨겨진 비밀까지 알게 될 것입니다. 또한 아인슈타인이 핵분열과 핵융합에 어떠한 기여를 했고, 무엇이 진실이고 거짓인지도 명확히 가늠할 수 있게 될 것입니다.

이 책의 장점

1. 초등학생들에게는 이야기하듯 진행되는 강의로 원자가 다시 핵과 전자로 분열될 때 엄청난 에너지를 방출하는 것을 재미있게 설명해 줍니다.
2. 중학생들에게는 핵분열의 원리를 간단하고 쉽게 이해할 수 있도록 강의 형식으로 이야기가 펼쳐지며 핵분열연구에 관여했던 과학자들도 알 수 있습니다.
3. 고등학생들에게는 핵분열, 핵융합의 원리와 아인슈타인의 유명한 명제 $E=MC^2$의 과학사적 의미와 원리를 이해할 수 있도록 구성하였습니다.

4. 이 책은 과학 연구가 엄청난 재앙이 될 수도 있다는 양면성을 이해하고, 올바른 과학관과 철학을 가지는 것의 중요성을 알게 해 줍니다.

각 차시별 소개되는 과학적 개념

1. 첫 번째 수업 _ 연쇄 반응의 가능성

- 핵반응에는 핵분열과 핵융합이 있고, 반응시 막대한 양의 에너지를 방출합니다. 방사성원소는 방사선을 내놓는 원소로서 라듐, 우라늄, 토륨 등이 대표적이며 이들 방사성원소가 붕괴하면서 내놓는 에너지는 화학반응보다 평균 천만배가 많습니다. 핵반응을 안정적으로 가공할 만한 에너지를 만들려면 연쇄 반응이 일어나야 하고 그렇게 하려면 핵 속의 중성자를 이용하여 핵을 교란해야 합니다.

2. 두 번째 수업 _ 핵분열의 탄생

- 핵 속에 든 양성자의 수는 같지만, 중성자의 수가 차이가 나는 원소를 동위원소라고 하고, 물리학자 프리슈에 의해 핵이 둘로 갈라지는 현상이 핵분열(Fission)이란 용어로 불리게 됩니다.

3. 세 번째 수업 _ 질량 – 에너지 등가원리

- 질량 – 에너지 등가원리는 아인슈타인의 특수상대성이론으로 $E=MC^2$이라는 유명한 등식을 말합니다. 작은 질량이라도 광속도의 도움을 받으면 엄청난 에너지로 바뀔 수 있다는 것입니다.

4. 네 번째 수업 _ 세계 최초의 원자로 탄생과 가동

- 핵에너지를 얻기 위해서는 지속적인 핵반응(연쇄 반응)이 이루어져야 하는데, 이때 중요한 것이 저속중성자이고 중성자의 속도를 늦추는 물질을 감속재라고 합니다.

5. 다섯 번째 수업 _ 또 하나의 핵분열 원소, 플루토늄

- 우라늄-238이 중성자와 만나 플루토늄-239가 만들어 지는데 플루토늄은 핵분열성 물질로 자연계에 존재하지 않는 인공 방사성원소입니다.

6. 여섯 번째 수업 _ 임계질량과 첫 원폭 실험

- 핵분열을 일정하게 유지시켜주는 상태를 핵분열 임계상태라고 하고 연쇄 반응을 일으키는 데 필요한 적정 질량은 핵분열 임계질량이라고 합니다.

7. 일곱 번째 수업 _ 아인슈타인과 원자폭탄

- 아인슈타인은 핵개발의 이론적 기초를 제공하였으나 원자폭탄제조 계획인 맨해튼 프로젝트에는 관여하지 않고 오히려 '과학의 사회적 책무를 이끄는 협회'를 창립하여 핵 폐기 투쟁에 앞장섰습니다.

8. 여덟 번째 수업 _ 핵 참사와 핵폐기물

- 방사선을 검출하는 기계로는 가이거 계수기, 섬광검출기, 안개상자 등이 있습니다. 방사성 물질을 약간이라도 포함하고 있는 폐기물을 핵폐기물이라고 부릅니다.

9. 아홉 번째 수업 _ 핵융합

- 핵융합은 인류가 알아낸 핵반응 중 가장 높은 에너지를 생산해 내며, 핵분열보다 7배 이상 많은 에너지를 창출합니다.

10. 마지막 수업 _ 태양과 수소폭탄
- 태양의 내부는 수소가 가득하며, 수소끼리 합쳐서 열을 냅니다. 이것이 수소폭탄의 원리입니다.

이 책이 도움을 주는 관련 교과서 단원

페르미가 들려주는 핵분열, 핵융합 이야기와 관련되는 교과서에 등장하는 용어와 개념들입니다.

1. 중학교 3학년 – 3. 물질의 구성
- 이 단원의 목표는 라부아지에, 돌턴, 아보가드로 등에 의해 화학 변화의 양적 관계를 설명하는 여러 가지 법칙이 밝혀지는 과정에서 물질의 입자 개념이 형성되었음을 인식하는 것입니다.
  다양한 종류의 원소를 원소기호로 표현하고, 원소기호를 이용하여 간단한 분자를 화학식으로 나타냅니다. 원자 모형을 이용하여 간단한 화합물을 나타내고, 화합물에서 원자의 공간 배열을 정성적으로 이해합니다.

내용 정리
- 원자는 양성자와 중성자가 모여 있는 원자핵과 원자핵을 둘러싸고 있는 전자로 구성되어 있습니다. 원자핵 속의 양성자는 양(+)전하

를 띠며, 전자는 음(−)전하를 띠고 있는데, 양성자와 전자의 전기량은 똑같기 때문에 원자는 전기적으로 중성을 나타냅니다.

- **돌턴의 원자 모형의 수정 :** 돌턴의 원자설 중 '원자는 더 이상 쪼갤 수 없다.'는 설은 핵분열반응의 발견으로 원자가 쪼개진다는 새로운 사실로 수정되었으며, '원자의 종류가 같으면 크기와 질량이 같다.'는 설은 같은 원자라도 질량이 서로 다른 동위 원소의 발견으로 수정되었습니다.

2. 중학교 3학년 – 5. 물질 변화의 규칙성

- 이 단원의 목표는 대표적인 화학반응 실험을 통하여 반응물질과 생성물질을 알아보고, 이를 분자 모형으로 나타내어 확산, 증발, 용해, 상태변화 등의 물리 변화와 다름을 학습하는 것입니다. 화학반응에서 일정성분비의 법칙이 성립하는 것을 물질의 입자모형으로 설명합니다.

내용 정리

- **질량보존의 법칙 :** 반응을 일으키기 전의 물질의 총 질량은 화학반응을 일으킨 후에 생성된 물질의 총 질량과 같습니다. 이를 질량보존의 법칙이라고 하며, 이 법칙은 모든 화학변화에 성립됩니다.

3. 고등학교 - 3. 원자와 원자핵

• 이 단원의 목표인 원자와 원자를 이루고 있는 원자핵과 전자에 대해 알아봅니다.

내용 정리

• 자연에 방사능 원소가 존재함을 발견하고 원자 내부에 원자핵이 있음을 알게 되었습니다.

• 핵자들이 원자핵을 구성하는 것은 핵자들 사이에 아주 짧은 거리에서만 강력한 인력으로 작용하는 핵력 때문입니다.

• 페르미온에 적용되는 베타원리와 핵력이 매우 짧은 거리의 힘이라는 점 때문에 원자핵의 질량분포는 거의 균일하게 되어 있습니다.

루이스가 들려주는
산, 염기 이야기

책에서 배우는 과학 개념

산과 염기에 관련된 기본 개념

교육과정과의 연계

구분	과목명	학년	단원	연계되는 개념 및 원리
초등학교	과학	5학년 2학기	2. 용액의 성질	지시약, 리트머스 분류
			5. 용액의 반응	산성, 중성, 염기성
고등학교	과학	1학년	3. 물질	산과 염기의 반응
	화학 I	2학년	1. 주변의 물질	산, 염기의 중화반응
	화학 II	3학년	3. 화학반응	산과 염기의 반응

책 소개

《루이스가 들려주는 산, 염기 이야기》는 루이스와 함께하는 9일간의 새콤달콤 산, 염기세계 여행으로 미국 화학의 아버지 루이스가 산과 염기의 종류로부터 중화반응의 활용까지 산과 염기의 모든 궁금증에 대해 해답을 줍니다. 산과 염기란 무엇이며, 왜 땀을 흘린 후 이온음료를 마시는지? 왜 어떤 산은 먹어도 되고, 어떤 산은 먹으면 안 될까? 우리 주변에 있는 산으로는 어떤 것들이 있을까? 등의 질문들에 차근차근 흥미롭게 설명해 줍니다.

이 책의 장점

1. 초등학생들에게는 산은 물에 녹아 수소이온을 내놓는 물질, 염기는 수산화이온을 내놓는 물질임을 역사적인 과정으로 보여주어 산, 염기의 연구 과정을 재미있게 펼쳐나갑니다.

2. 생활 속에서도 자주 활용하는 용액의 산성도를 나타내는 숫자의 의미를 흥미롭게 알려주며 운동 전후로 마시는 이온음료에 대한 이야기도 펼쳐집니다.

3. 중·고등학생들에게는 산과 염기의 대표적 용액들의 특징과 서로의 화학·중화반응의 원리를 화학식 분자식을 이용하여 보여주고 있어 연계 학습과 수준 높은 화학수업이 가능합니다.

각 차시별 소개되는 과학적 개념

1. 첫 번째 수업 _ 루이스 선생님을 만나다

• 미국 화학의 아버지 뉴턴 루이스가 그가 산과 염기 이론을 발표하기 이전에 산의 정의에 사용된 산소근본설과 수소 중심이론을 설명합니다.

2. 두 번째 수업 _ 이온이라는 것

• 원자의 전자들이 빠져나오거나 외부에 있는 다른 전자들이 들어가면 이온이 됩니다. 물에 녹아 이온이 생기면 전기가 통하고 그렇지 않으면 전기가 통하지 않습니다. 이것을 전해질과 비전해질이라고 합니다. 산과 염기도 전해질의 일종입니다.

3. 세 번째 수업 _ 아레니우스의 산과 염기라는 것

• 아레니우스의 정의에 따르면 산은 물에 녹아 수소이온(H^+)을 내놓는 물질이고 염기는 수산화 이온(OH^-)을 내놓는 물질입니다.

4. 네 번째 수업 _ 산, 산, 산

• 산은 푸른 리트머스 종이를 붉게 변화시키고 아연이나 마그네슘과 같은 금속을 넣으면 수소기체를 발생합니다. 금이나 은, 구리 등의 몇 가지 금속을 제외한 금속들은 대부분 산에 녹습니다. 산은 탄산염성분의 석회암이나 대리석 등과 반응하여 이산화탄소를 내놓고 녹습니다. 그래서 산성비는 석회암으로 만든 다리나 유물들을 부식시킵니다.

5. 다섯 번째 수업 _ 염기라는 것

• 알칼리와 염기는 비슷하긴 하지만 완전히 같지는 않습니다. 알칼리는 염기 중에서 특히 물에 잘 녹는 염기를 말합니다. 강한 염기

는 피부 단백질도 녹일 수 있습니다.

6. 여섯 번째 수업 _ pH와 지시약

- 덴마크의 생화학자인 쇠렌센은 수소이온 농도에 −log를 붙인 값을 산성의 척도 pH로 정의했습니다. pH는 'potential hydrogen'의 약자로 산성도가 수소이온의 지배로 인해 생긴다는 것을 의미합니다. 염산은 1, 증류수는 7, 수산화나트륨은 13이 됩니다.

7. 일곱 번째 수업 _ 산과 염기가 만나면

- 수소이온을 포함하고 있는 산과 수산화이온을 포함하고 있는 염기가 만나면 물(H_2O)이 만들어집니다. 이렇게 산과 염기가 만나 물이 만들어지는 반응을 중화반응이라고 합니다.

8. 여덟 번째 수업 _ 양성자를 주고받는 산과 염기

- 덴마크의 화학자 브뢴스테드는 산을 다른 물질에게 양성자를 주는 물질(양성자 주개, proton donor), 염기를 양성자를 받아들이는 물질(양성자 받개, proton acceptor)로 정의하여 용매가 물이 아니거나 분자 내에 수소(H)나 수산기(OH)를 가지고 있지 않은 물질의 산, 염기여부를 가리는 데 적용하게 되었습니다.

9. 마지막 수업 _ 전자쌍을 주고받는 산과 염기

- 루이스는 양성자를 포함하지 않는 물질의 반응까지 설명하는 이론을 발표했는데, 산과 염기의 반응에서 양성자를 주고받는 것이 아니라 전자쌍을 주고받는데 산은 전자쌍 받개(electron pair acceptor), 염기는 전자쌍 주개(electron pair donor)로 정의하였습니다.

이 책이 도움을 주는 관련 교과서 단원

루이스가 들려주는 산, 염기 이야기와 관련되는 교과서에 등장하는 용어와 개념들입니다.

1. 초등학교 5학년 2학기 – 2. 용액의 성질

- 이 단원의 목표는 색, 냄새 등 여러 가지 분류 기준을 설정하고, 이에 따라 용액을 분류하는 것입니다. 여러 가지 용액에 리트머스 시험지와 지시약을 넣었을 때의 변화를 관찰하고, 이를 이용하여 용액을 분류합니다.

내용 정리

- **용액의 분류**
  - **산성 용액 :** 묽은 염산, 식초, 사이다 등
  - **염기성 용액 :** 묽은 수산화나트륨 용액, 묽은 암모니아수, 표백제 등
- **지시약**이란 어떤 용액의 성질을 알게 해주는 물질을 말합니다.
- 염기성 용액이 페놀프탈레인 용액과 반응하면 붉게 변합니다.

2. 초등학교 5학년 2학기 – 5. 용액의 반응

- 이 단원의 목표는 산성, 염기성, 중성 용액에 금속이나 대리석을 넣었을 때의 현상을 관찰하여 산성 용액의 성질을 발견하는 것입니다. 실생활에서 산성, 염기성 용액이 이용되는 예를 찾습니다.

- 산성 용액과 금속 조각이 반응하면 기포와 열이 발생하며, 금속 조각은 다른 물질로 변하여 용액 속에 녹습니다.
- 철과 마그네슘은 염기성 용액과는 반응하지 않습니다.
- 대리석으로 만든 문화재가 빨리 손상되는 이유는 산성을 띠고 있는 빗물이 대리석을 녹이기 때문입니다.
- 산성 용액과 염기성 용액을 알맞게 섞으면 산성도 염기성도 아닌 중성 용액이 됩니다.

3. 고등학교 1학년 - 3. 물질

- 이 단원의 목표는 물질의 성질에 따른 분류를 학습하는 것입니다.

- 우리 주변에서 끊임없이 일어나는 수많은 화학 변화에서는 열이 방출되거나 흡수되는 에너지 변화가 따릅니다. 연료가 연소할 때, 진한 황산을 묽은 황산으로 만들 때, 산과 염기가 반응할 때 열이 발생합니다.
- 페놀프탈레인은 산과 염기의 지시약으로 알카리성 용액에서는 붉은색을 나타내고, 산성 및 중성 용액에서는 무색을 나타냅니다. 그러므로 pH가 13~14에서는 무색으로 나타내고 pH 0~1에서는 오렌지색을 나타냅니다. 이는 페놀프탈레인의 구조 변화에 기인합니다.

엥겔만이 들려주는
광합성 이야기

책에서 배우는 과학 개념

광합성과 관련된 기본 원리 및 개념

교육과정과의 연계

구분	과목명	학년	단원	연계되는 개념 및 원리
초등학교	과학	5학년 1학기	7. 식물의 잎이 하는 일	양분을 얻는 방법
중학교	과학	2학년	4. 식물의 구조와 기능	잎의 구조
고등학교	생물 II	3학년	2. 물질대사	광합성

책 소개

《엥겔만이 들려주는 광합성 이야기》는 엥겔만과 함께하는 13일간의 파릇파릇한 광합성세계 여행으로 광합성의 과정에서부터 생태계에의 영향까지 광합성에 관한 모든 궁금증을 엥겔만과 함께 풀어봅니다. 햇빛은 지구에 사는 모든 동식물 및 미생물에게 에너지를 줍니다. 결국 햇빛 때문에 생물이 살 수 있는 것입니다. 무질서의 상태를 질서 있는 상태로 만들려고 할 때도 에너지가 필요합니다. 이 책은 광합성과 에너지가 어떤 힘으로 작용하는지, 식물들이 광합성을 하는 이유와 광합성이 사람들에게 주는 영향이 무엇인지에 대해 설명함으로써 빛에 대한 고마움을 되새기게 합니다.

이 책의 장점

1. 광합성의 원리, 적정 온도, 지구 생태계에 미치는 영향 등 광합성에 관한 모든 궁금증을 13일 만에 그림과 도식으로 쉽게 알 수 있도록 구성하였습니다.

2. 중·고등학교 학생들에게는 광합성을 화학반응식을 통한 화학적 방법으로 이해할 수 있도록 하였으며 광합성을 하는 데 필요한 요소들, 즉 물과 이산화탄소, 빛이 만나 포도당과 산소를 만들어내는 과정을 분자식으로 설명하고 있으며 온도가 적당할 때 가장 잘 일어나는 조건들도 제시하고 있습니다.

3. 환경문제인 지구온난화의 원인을 알아보고 그것과 광합성과의

관계에 대해 알아봄으로써 환경에 대한 인식을 할 수 있게 해 줍니다.

4. 이 책을 통해 생물은 계속해서 새로운 에너지를 얻어야 살 수 있고, 생물이 이용했던 한 번 에너지는 다시는 이용할 수 없으며, 그래서 생물체는 계속해서 에너지를 필요로 하고 계속적인 에너지 공급은 광합성이 있기에 가능하다는 것, 생태계에서 에너지는 일방적으로 흐른다는 신비로운 비밀을 알게 될 것입니다.

각 차시별 소개되는 과학적 개념

1. 첫 번째 수업 _ 고마워요, 광합성

- 햇빛은 지구에 사는 동식물에게 물과 에너지를 줍니다. 특히 식물은 기공을 통해 흡수된 이산화탄소와 뿌리로부터 올라온 물을 원료로 하고, 햇빛을 통해 에너지를 얻어 포도당을 만드는데 이것을 광합성이라고 합니다.

2. 두 번째 수업 _ 물과 공기를 먹고 살아요

- 1804년 소쉬르라는 학자에 의해 광합성의 원료에는 이산화탄소뿐 아니라 물도 포함된다는 것을 발표한 이후 식물도 동물처럼 물, 공기, 빛이 있어야 살 수 있다는 사실이 널리 받아들여지게 되었답니다.

3. 세 번째 수업 _ 에너지가 필요해요

- 무질서의 상태를 질서의 상태로 만들려면 에너지가 필요합니다.

식물이 이산화탄소를 이용하여 포도당을 만드는 광합성은 마치 무질서에서 질서를 창조하는 것과 같아서 에너지를 필요로 하는데 그 에너지는 바로 빛에서 얻습니다.

4. 네 번째 수업 _ 탄소가 뼈대래요

• 탄수화물은 탄소 뼈대에 수소나 산소가 결합된 것입니다. 탄수화물은 우리 몸에서 에너지로 이용되고, 다른 온갖 물질을 만드는 재료가 됩니다. 탄소가 여러 가지 방법으로 산소, 수소, 질소 등을 붙잡음으로써 여러 가지 물질을 다시 합성해 내는 원자재가 되는 것입니다.

5. 다섯 번째 수업 _ 빛을 모으는 안테나가 있어요

• 엽록소가 모여 있는 것을 '빛을 모으는 안테나'라고 합니다. 엽록체의 틸라코이드의 막에 빛을 받아들이는 엽록소가 있습니다.

6. 여섯 번째 수업 _ 녹색은 싫어요

• 엽록소는 햇빛 중에서 녹색의 빛을 반사하기 때문에 녹색으로 보입니다. 즉, 광합성에는 녹색 빛은 필요 없다는 뜻입니다. 산소를 좋아하는 호기성 세균과 광합성으로 산소를 발생하는 해캄을 이용한 실험에 의하면 청색과 붉은 색의 빛이 광합성이 잘되는 것을 보여줍니다.

7. 일곱 번째 수업 _ 이산화탄소와 물이 필요해요

• 광합성에는 이산화탄소와 물이 필요합니다. 2개의 공변세포로 되어 있는 기공으로 이산화탄소가 드나들고 잎의 증산작용으로 물이 증산한 만큼 물이 끌려 올라와 광합성에 사용됩니다.

8. 여덟 번째 수업 _ 먼저 빛이 필요해요

- 광합성은 2단계로 이루어집니다. 1단계는 햇빛을 받아들여 어떤 물질을 합성하고 2단계로 1단계에서 합성한 물질을 이용하여 CO_2를 재료로 포도당을 만듭니다. 1단계의 그 물질은 엽록체가 빛을 받으면 생기는 에너지(APT)와 수소입니다.

9. 아홉 번째 수업 _ 녹말로 저장해요

- 광합성으로 만들어진 포도당은 엽록체에 녹말로 저장됩니다. 즉, 광합성은 빛에너지를 화학에너지로 저장하는 것입니다.

10. 열 번째 수업 _ 숨 쉬기도 해요

- 호흡은 세포에서 영양소를 분해하여 에너지를 얻는 것입니다. 그러므로 식물에게 호흡은 포도당을 분해하고 이산화탄소가 나오는 과정입니다. 낮에는 광합성량이 호흡량보다 더 크기 때문에 포도당을 저장하고 식물이 성장할 수 있습니다.

11. 열한 번째 수업 _ 알맞은 온도가 있어요

- 광합성은 화학반응이며 온도가 적당할 때 가장 잘 일어납니다. 섭씨 10℃~40℃가 적당한 온도입니다.

12. 열두 번째 수업 _ 더 많아지면 안 돼요

- 광합성에는 이산화탄소가 필요하지만 너무 많으면 안 됩니다. 대기 중의 0.03%의 이산화탄소 농도가 신이 주신 절묘한 농도라고 할 수 있습니다.

13. 열세 번째 수업 _ 한번 가면 안 와요

- 생물은 계속해서 에너지를 얻어야 살아갈 수 있고, 생태계에서

에너지는 먹이연쇄를 따라 일방적으로 흐릅니다. 이런 에너지의 공급은 바로 식물의 광합성이 있기에 가능합니다.

엥겔만이 들려주는 광합성 이야기와 관련되는 교과서에 등장하는 용어와 개념들입니다.

1. 초등학교 5학년 1학기 - 7. 식물의 잎이 하는 일

- 이 단원의 목표는 식물의 잎에서 증산작용이 일어남을 실험을 통하여 관찰하고, 환경 조건에 따라 증산작용이 일어나는 정도가 다름을 관찰하는 것입니다. 햇빛을 비춘 잎과 햇빛을 가린 잎에서의 녹말 검출 실험을 통하여 식물이 빛을 이용하여 광합성을 하고, 그 결과 녹말이 형성됨을 이해합니다.

내용 정리

- 식물이 햇빛을 이용해 양분을 만드는 일을 **광합성 작용**이라고 합니다. 광합성 작용을 하기 위해서는 햇빛뿐만 아니라 물, 공기가 필요합니다.
- 식물은 광합성을 통해 양분을 만듭니다.
- 식물이 양분을 만들면서 산소를 내어 놓습니다.

2. 중학교 2학년 - 4. 식물의 구조와 기능

• 이 단원의 목표는 잎의 단면을 관찰하여, 증산 작용과 광합성 및 호흡을 이해하는 것입니다.

내용 정리

• **잎의 기능**

- **광합성 작용** : 햇빛을 이용해 엽록체에서 유기 양분을 만듭니다.

- **증산 작용** : 식물체 내의 물을 수증기 형태로 공기 중으로 내보냅니다.

- **호흡 작용** : 기공을 통해 산소를 받아들이고 이산화탄소를 내보냅니다.

폴링이 들려주는
화학결합 이야기

책에서 배우는 과학 개념

화학결합 과 관련되는 개념 및 용어들

교육과정과의 연계

구분	과목명	학년	단원	연계되는 개념 및 원리
중학교	과학	1학년	5. 분자의 운동 7. 상태 변화와 에너지	분자의 압력과 부피(분자의 운동), 고체, 액체, 기체의 성질 (상태변화, 분자 운동)
고등학교	화학 I	2학년	1. 주변의 물질	물질구성 및 공통적인 성질 (물의 성질)
	화학 II	3학년	2. 물질의 구조	배위결합, 공유결합전위원소 (화학결합, 극성)

책 소개

이 세상 모든 물건은 어떻게 만들어졌을까? 모든 물질은 쪼개고 쪼개면 원자라는 물질을 구성하는 가장 작은 입자에 도달합니다. 지금까지 알려진 110가지 원소 중 자연에 안정한 상태로 흔히 쓰이는 것은 약 40여 종류로 전자들의 이동에 의한 원자들의 결합이 가장 기본적인 결합입니다. 원자들의 결합이란 바로 전자들의 밀고 당김입니다. 결합을 하지 않은 원자 주변의 오비탈은 공처럼 둥근 모양이지만, 다른 원자가 가까이 다가오게 되면 전자가 들어 있는 오비탈들이 서로 겹쳐지면서 화학결합이 이루어집니다.

이처럼 오비탈의 겹침으로 일어나는 화합결합이 있는가 하면, 아예 전자를 주고받으면서 일어나는 화학결합도 있으며, 금속 원자처럼 전자를 내놓고 양이온이 되어 전자 바다에 떠 있듯 배열된 결합도 있습니다.

《폴링이 들려주는 화학결합 이야기》는 원자들이 결합하는 몇 가지 방법과 그 방법에 따라 성질이 결정되는 분자들에 대한 이야기입니다.

이 책의 장점

1. 화학의 기초인 원소로부터 이해하기 쉽게 설명하였으며, 화학변화 이론을 단계적으로 표현하여 공부하는 학생들에게 흥미를 유발시키고, 현실적으로 느껴지도록 썼습니다.

2. 중학생들에게는 과학적 사고력을 길러주고 중간·기말고사의 대비가 될 수 있으며, 고등학생들에게는 화학의 충실한 수능 도우미가

됩니다.

3. 우리 주변의 소재를 이용한 탐구실험 활동을 믿음직한 폴링 선생님과 실제로 해보는 듯하며 든든한 과학적 지식을 내 것으로 만들 수 있는 기회를 제공해 줍니다.

각 차시별 소개되는 과학적 개념

1. 첫 번째 수업 _ 화학결합

• 물질은 매우 작고 가벼운 원자로 이루어져 있습니다. 원자가 전자를 사용하여 분자를 만들어 내는 것을 화학결합이라고 하고, 원자들이 결합할 때 각 원소의 성질은 없어지고, 전혀 다른 성질을 가진 분자가 만들어집니다.

2. 두 번째 수업 _ 이온결정

• 양이온과 음이온으로 이루어진 물질을 이온결정이라 하며, 이온결정은 고체 상태에서 전류가 흐르지 않고, 수용액 상태에서는 전류가 흐르고 이온결정은 물에 잘 녹는 것과 물에 잘 녹지 않는 것이 있으며, 이온결정은 힘을 가하면 쉽게 부서집니다.

3. 세 번째 수업 _ 무극성 분자

• 물에 녹지 않는 물질은 무극성 분자이고, 물에 녹지 않는 물질에는 탄화수소 화합물이 많이 있으며, 탄화수소 화합물에는 메탄, 프로판, 단백질, 녹말, 셀룰로오스 등이 있습니다.

4. 네 번째 수업 _ 공유결합

- 원자들이 결합할 때 원자가전자가 쓰이며, 한 원자에서 내놓은 전자 1개와 상대 원자에서 내놓은 전자 한 개는 서로 짝을 이루는데, 이것을 공유 전자쌍이라 하고, 공유 전자쌍으로 이루어진 결합을 공유결합이라 합니다.

5. 다섯 번째 수업 _ 원자와 분자

- 원자의 종류는 원자핵 속의 양성자 수에 의해 결정되며, 분자 내에서 원자가 전자를 끌어당기는 상대적인 힘을 전기음성도라 하고, 공유결합 분자에서 전기음성도가 큰 원자는 공유 전자쌍을 더 많이 끌어당기며, 분자모양이 대칭이면 무극성 분자이고, 대칭이 아니면 극성 분자입니다.

6. 여섯 번째 수업 _ 이온의 공유결합

- 이온결합으로 이루어진 물질을 이온결정이라 하며, 이온결정은 양이온과 음이온이 일정한 배열로 쌓여 만들어지고, 이온결합은 전자를 주고받으면서 이루어지며, 공유결합은 전자쌍을 함께 나누어 가지면서 이루어집니다.

7. 일곱 번째 수업 _ 금속결합

- 금속결정은 금속결합으로 만들어지고, 금속 양이온과 자유전자와의 인력으로 이루어지며, 자유전자는 금속 원자의 전자가 떨어져 나온 것이며, 금속 내의 자유전자로 인해 금속의 여러 가지 성질이 나타납니다.

8. 마지막 수업 _ 오비탈모형

- 현대적 원자 모형은 오비탈모형이며, 전자구름을 오비탈이라고

하고, 1개의 오비탈에는 최대 2개의 전자가 들어갈 수 있으며, 전자는 에너지가 낮은 오비탈부터 순서대로 채워집니다.

폴링이 들려주는 화학결합 이야기와 관련되는 교과서에 등장하는 용어와 개념은 다음과 같습니다.

1. 중학교 1학년 – 5. 분자의 운동

- 이 단원의 목표는 어떤 분자들이 어떻게 만들어지는지 알아보는 것입니다.

2. 중학교 1학년 – 7. 상태변화와 에너지

- 이 단원의 목표는 같은 원자들이라도 몇 개가 어떻게 결합하느냐에 따라 전혀 다른 물질이 만들어진다는 것입니다.

내용 정리

- **화학결합**이란 원자들이 헤쳐모여서, 전혀 새로운 성질을 가지는 분자를 만드는 것입니다.
- **원자가전자**란 원자핵에서 가장 먼 곳에 있는 전자들을 가리킵니다.

3. 고등학교 – 1. 주변의 물질

- 이 단원의 목표는 화합물을 구성하는 원자 사이의 결합이 끊어지고 새로운 결합이 형성되어 새로운 화합물이 만들어지는 과정을 학습하는 것입니다.

4. 고등학교 – 2. 물질의 구조

- 이 단원의 목표는 극성 공유결합 분자에 대하여 학습하는 것입니다.

내용 정리

- **전해질**이란 용액이나 액체 상태에서 전기가 통하는 물질을 말합니다.
- 물은 극성을 띠지만, 물과 친하지 않은 분자들은 극성을 띠지 않으므로 이를 **무극성 분자**라 합니다.
- 알파 포도당이 여러 개 중합되면 녹말분자가 만들어지고, 베타 포도당이 여러 개 중합되어 셀룰로오스 분자가 만들어진다. 셀룰로오스 분자는 사람 몸에서는 분해되지 않는 물질입니다.
- 염화수소 분자의 경우 공유 전자쌍은 염소 원자에 더 가까이 있어, 염소 원자가 수소 원자보다 전자를 끌어당기는 힘이 세며 이를 **전기음성도**라고 합니다.
- 염화수소 분자 내에서 염소 원자는 음의 부분 전하(δ^-)를 띠고, 수소 원자는 양의 부분 전하(δ^+)를 띠게 되고, 힘이 센 염소 원자 쪽

으로 공유 전자쌍이 더 많이 끌려가는데 이런 분자를 **극성 공유결합 분자**라고 합니다.

• 금속인 주석이 영하 38℃에 이르면 비금속으로 변해 녹아 버린다.

에딩턴이 들려주는
중력 이야기

책에서 배우는 과학 개념

중력과 관련되는 개념 및 용어들

교육과정과의 연계

구분	과목명	학년	단원	연계되는 개념 및 원리
초등학교	과학	5학년 1학기	4. 물체의 속력	물체의 속력과 안전
중학교	과학	1학년	10. 힘	에너지
		3학년	2. 일과 에너지	역학적 에너지 (중력에 의한 위치에너지)
고등학교	물리 I	2학년	1. 힘과 에너지	힘과 에너지 관계(운동의 법칙, 일과 에너지, 중력에 의한 위치에너지)

책 소개

이 세상 모든 물건은 왜 아래쪽으로만 떨어질까? 아인슈타인과 같은 천재는 우리와 같은 사람일 뿐이지만 그들에게서 남다르게 나타나는 것은 '빛나는 창의적 사고'입니다. 창의적 사고와 직접적인 연관이 있는 것은 '생각하는 힘'이며, 생각하는 힘 없이 풍성한 발전을 기대할 수 없습니다. 이 글에서는 중력에 대해서 이야기하는데 하나는 갈릴레이와 뉴턴의 중력이고, 다른 하나는 아인슈타인의 중력입니다. 갈릴레이와 뉴턴의 중력이론을 가리켜서 '고전적인 중력이론'이라고 하고, 한편 아인슈타인의 중력이론은 '현대적 중력이론'이라고 합니다. 갈릴레이와 뉴턴은 중력을 어떻게 설명했는가를, 아인슈타인은 또 그걸 어떻게 해석했는가를 《에딩턴이 들려주는 중력 이야기》을 통해서 쉽게 접할 수 있습니다.

뉴턴, 갈릴레이, 아인슈타인, 아리스토텔레스 등의 유명한 학설을 토대로 중력과 공간과 중력가속도, 만유인력의 관계와 우주의 블랙홀 이야기까지 다루었습니다.

이 책의 장점

1. 중력의 기초로부터 이해하기 쉽게 설명하였으며, 중력의 이론을 학술적, 단계적으로 표현하여 공부하는 학생들에게 흥미를 유발시키고, 현실적으로 느끼는 것처럼 썼습니다.

2. 중학생들에게는 과학적 사고력을 길러주고 중간·기말고사의 대비

가 될 수 있으며, 고등학생들에게는 화학의 충실한 수능 도우미가
됩니다.

3. 우리 주변의 소재를 이용한 탐구실험 활동을 믿음직한 폴링 선생
님과 실제로 해보는 듯하고 과학적 지식을 내 것으로 만들 수 있는
기회를 제공해 줍니다.

각 차시별 소개되는 과학적 개념

1. 첫 번째 수업 _ 중력과 지구 중심

• 물건이 아래로 떨어지는 것은 중력(뉴턴의 만유인력, 중력) 때문입
니다.

2. 두 번째 수업 _ 중력과 중력가속도

• 높은 곳에서 물건을 동시에 떨어뜨렸을 때 가벼운 물체와 무거운
물체가 동시에 떨어지는 것은 중력가속도 때문입니다.

3. 세 번째 수업 _ 중력 낙하 사고 재판

• 피사의 사탑에서 낙하실험을 통한 중력 낙하실험 결과 낙하속도
는 질량과 무관합니다.

4. 네 번째 수업 _ 중력과 만유인력

• 중력은 지구의 중심으로부터 멀어질수록 중력이 약해지고 가까
울수록 강해집니다. 두 물체 사이에 작용하는 힘은 질량에 비례
하고 거리의 제곱에 반비례합니다.

• 뉴턴의 만유인력(질량을 가진 두 물체가 서로 끌어당기는 힘)과 중력은

단어만 다르고 같은 개념입니다.

5. 다섯 번째 수업 _ 해왕성과 미적분학
- 우주에 존재하는 모든 천체는 서로 끌어당기는 힘이 작용하므로 뉴턴은 또 다른 행성(해왕성)을 예측하고 이를 토대로 미적분학을 발견(뉴턴, 라이프니츠 공동)하였습니다.

6. 여섯 번째 수업 _ 중력과 가속도
- 우주선을 가속시키면 중력이 발생하고 우주선의 가속은 관성력을 야기하며, 이 관성력은 다시 동등한 세기의 중력으로 이어집니다. 즉 관성력은 가속도의 반대에서 나타나고, 무중력상태에서는 중력을 느끼지 못하며 등가원리(가속도=관성력=중력)라고 했습니다.

7. 일곱 번째 수업 _ 중력과 공간
- 모든 천체는 중력을 서로 주고받으며, 아인슈타인은 태양둘레를 공전하는 지구의 운동을 공간의 힘이라 했습니다. 중력은 공간을 휘게 하는데, 물질이 중력을 낳기에 결국 물질이 공간을 휘게 한다는 것입니다.

8. 여덟 번째 수업 _ 아인슈타인의 예측 검증하기
- 태양의 주변을 지나는 빛의 휨을 측정한 결과 아인슈타인의 이론과 같이 공간이 휘어있는 것이 입증되었습니다.

9. 아홉 번째 수업 _ 하나의 별이 여러 개로
- 물질과 중력이 빛마저 휘게 하며, 지구와 별 사이에 있는 백색왜성(태양의 수만 배에 이를 정도로 중력이 강함) 때문에 별빛이 휘어져

여러 개로 보입니다.

10. 마지막 수업 _ 중력의 왕 블랙홀

- 중력이 강할수록 당기는 힘은 더 커지고 공간은 심하게 휘며, 중력의 세기가 너무 강해 빛조차 빠져나오지 못하는 천체가 있을 수 있습니다. 이를 블랙홀이라 하며 블랙홀이 빨아들인 것을 뱉어내는 화이트홀, 그리고 그 두 세계를 연결하는 웜홀(worm hole)도 있을 것 같습니다.

이 책이 도움을 주는 관련 교과서 단원

폴링이 들려주는 화학결합 이야기와 관련되는 교과서에 등장하는 용어와 개념들입니다.

1. 초등학교 5학년 1학기 – 4. 물체의 속력

- 이 단원의 목표는 물체가 낙하할 때 물체의 속도에 대해 알아보는 것입니다.

> **내용 정리**
> - **가속도** : 물체가 낙하할 때 물체의 속도가 점점 빨라지는 것을 말합니다.
> - **무중력** : 중력이 없는 상태

2. 중학교 1학년 - 10. 힘

• 이 단원의 목표는 어떤 힘들이 어떻게 만들어지는지 알아보는 것입니다.

> **내용 정리**
>
> • **중력과 가속도** : 힘=질량X가속도

3. 중학교 3학년 - 2. 일과 에너지

• 이 단원의 목표는 힘의 양에 대하여 알아보는 것입니다.

> **내용 정리**
>
> • **용수철의 탄성에너지** → 추의 운동에너지와 위치에너지 → 추의 위치에너지와 탄성력에 의한 위치에너지 : 중력과 가속도

4. 고등학교 - 1. 힘과 에너지

• 이 단원의 목표는 중력에 의한 위치에너지를 설명하고 탄성력에 의한 위치에너지를 설명하는 과정을 학습합니다.

> **내용 정리**
>
> • **관성력과 가속도의 관계** : 관성력은 가속도의 반대쪽에서 나타납니다.
> • **등가 원리** : 가속도=관성력=중력
> - 위치에너지 : 힘이 작용하는 공간에서 어떤 물체가 기준점이 아

닌 다른 곳에 있을 때, 기준점으로 되돌아가면서 할 수 있는 일
에너지

- 중력에 의한 위치에너지

$$W = Fh = mgh$$

$$\therefore Ep = mgh$$

- 용수철에 의한 위치에너지

$$W = \frac{1}{2}Fh = \frac{1}{2}x^2$$

뢰머가 들려주는
광속 이야기

책에서 배우는 과학 개념

광속과 관련되는 개념 및 용어들

교육과정과의 연계

구분	과목명	학년	단원	연계되는 개념 및 원리
초등학교	과학	3학년 1학기	2. 빛의 나아감	빛의 성질
		5학년 1학기	4. 물체의 속력	물체의 속도와 안전
중학교	과학	3학년	7. 태양계의 운동	달과 별의 관찰
고등학교	물리I	2학년	1. 힘과 에너지	가속도의 법칙
	지구과학I	2학년	3. 신비한 우주	천체들과 우주현상 (태양계의 위성들, 이오)
	지구과학II	3학년	4. 천체와 우주	우주의 큰 구조

책 소개

아인슈타인과 같은 천재들에게서 남다르게 나타나는 것은 '빛나는 창의적 사고'입니다. 창의적 사고와 직접적인 연관이 있는 것은 '생각하는 힘'이며, 생각하는 힘 없이 풍성한 발전을 기대할 수 없지요.

《뢰머가 들려주는 광속 이야기》는 창의적 사고가 생각하는 힘과 빛의 속도인 광속에서부터 시작하여 광속이 유한하고 광속을 어떻게 측정하였는지를 배우게 됩니다.

이 책의 장점

1. 초등학생들에게는 과학적 사고력 확장과 창의력 개발에 도움을 주고, 중학생들에게는 중간·기말고사의 완벽한 대비가 될 수 있으며, 고등학생들에게는 충실한 수능 도우미가 됩니다.

2. 우리 주변의 소재를 이용한 탐구실험 활동을 믿음직한 뉴턴 선생님과 실제로 해보는 듯하며 든든한 과학적 지식을 외우지 않고도 생생하게 내 것으로 만들 수 있는 기회를 제공해 줍니다.

3. 초등학교 5학년 과학과 교육과정에 있는 물체의 속력에 대한 단원과 중학교에서 배우는 여러 가지 운동과 연계하여 학습할 수 있습니다.

각 차시별 소개되는 과학적 개념

1. 첫 번째 수업 _ 광속, 무한이냐 유한이냐

- 레오나르도 다 빈치는 눈을 감았다 뜰 때에 빛이 와 닿는데 걸리는 시간으로 광속이 유한하다는 것을 입증하고 빛으로 자연을 볼 수 있어 빛을 중요시하였답니다.

2. 두 번째 수업 _ 갈릴레이, 광속을 간파하다

- 아리스토텔레스는 이론적인 접근에 충실해서 과학적 진실에 다가서려 하고 갈릴레이는 머릿속에서 이끌어낸 결과를 실험으로 검증하면서 자연의 비밀을 설명하려고 하였습니다. 이론 못지않게 실험도 중요하답니다. 속도=거리/시간, 최초 광속측정 : 갈릴레이

3. 세 번째 수업 _ 갈릴레이의 광속 실험과 관련하여

- 빛은 1초에 30만 km를 가고 지구의 둘레는 4만 km이므로 지구 7바퀴 반을 돈다는 계산이 나옵니다.

4. 네 번째 수업 _ 지구를 벗어난 광속

- 광속을 측정하기에 필요한 거리는 30만 km 이상이어야 하므로 지구를 벗어난 우주에서 측정을 해야 한다고 봅니다. 빛이 우주 한쪽 끝에서 반대쪽 끝까지 가는 데 300억 년~400억 년이 걸립니다. 그래서 빛이 1년간 우주를 날아간 거리를 1광년이라고 하였습니다.

5. 다섯 번째 수업 _ 뢰머와 이오의 만남

- 16세기 망원경이 발명되어 갈릴레이가 망원경을 통해서 이오

(Io), 유로파(Europa), 가니메데(Ganymede), 칼리스토(Callisto)를 보았으며, 천동설(우주는 중심이 지구라는 설)이 틀리다는 것을 발견 하였습니다.

6. 여섯 번째 수업 _ 뢰머의 이오 관찰과 관련하여

- **공전주기** : 천체가 공전을 하고 제자리로 돌아오는 시간을 '공전 주기' 라고 합니다.

  공전궤도 : 공전을 하는 일정한 하늘의 길

7. 일곱 번째 수업 _ 뢰머와 광속 그리고 그 이후

- 지구에서 태양까지의 거리는 약 1억 5천만 ㎞입니다.
- 지구가 공전하는 거리=2×3.14×지구에서 태양까지의 거리=9 억 4천만 ㎞입니다.
- 지구가 하루 동안 공전하는 거리=9억 4천만 ㎞÷365=260만㎞ 입니다.
- 영국의 물리학자 맥스웰이 전자기 파동 방정식을 이론적으로 유 도해 광속이 진공 중에서 초속 30만 ㎞라는 것을 정확히 계산하 였습니다.

8. 여덟 번째 수업 _ 광속이 무한하지 않아서 생기는 현상

- 속도×시간=거리, 거리÷속도=시간, 거리÷시간=속도
- 지구에서 태양까지는 1억 5천만 ㎞이므로, 빛이 태양에서 지구에 오는 데 걸리는 시간은 8분 20초입니다. 광속은 유한합니다.
- **1광년** : 빛이 1년 동안 쉼 없이 날아가는 거리

9. 아홉 번째 수업 _ 아인슈타인의 광속

- **광속 일정의 원리**(광속 불변의 원리) : 빛은 진공 중에서 초속30만㎞
  의 속도를 유지합니다.
- **고전적 속도 계산법** : 고속 전철의 속도+참새의 속도
- **아인슈타인의 상대론적 속도 계산법** :
  고속 전철의 속도+광속=광속
- **로렌츠 – 피츠제럴드 수축현상** : 광속에 가까워지면 길이가 움직
  이는 쪽으로 줄어든다고 말합니다.
- 광속에 가까워지면 길이는 짧아지고, 질량이 무거워지며, 시간이
  느리게 간다고 말합니다.

10. 마지막 수업 _ 광속보다 빠른 입자

- **타키온**(tachyon) : 광속 이상으로 내달릴 수 있는 가상의 입자를
  타키온이라 부르는데 이 말은 '빠르다' 는 뜻의 그리스어 타키스
  (tachys)에서 따온 것입니다.
- **인과의 법칙** : 원인은 늘 앞에 있고, 결과는 항상 뒤에 있는 것

이 책이 도움을 주는 관련 교과서 단원

뢰머가 들려주는 광속 이야기와 관련하여 교과서에 등장하는 용어와 개
념들입니다.

1. 초등학교 3학년 2학기 – 2. 빛의 나아감

- 이 단원의 목표는 빛이 거울에 닿으면 나아가는 방향이 변한다는 것과 거울의 방향에 따라 반사된 빛이 나아가는 방향을 예측할 수 있다는 것을 알아보는 것입니다.

2. 초등학교 5학년 1학기 – 4. 물체의 속력

- 이 단원의 목표는 물체의 위치나 운동 상태의 기준을 선택 자료 분석을 통하여 평균속력의 개념을 알아보는 것입니다.

내용 정리

- **속도X시간**=거리, 거리÷속도=시간, 거리÷시간=속도

3. 중학교 3학년 – 7. 태양계의 운동

- 이 단원의 목표는 태양계의 달과 행성의 운동을 알아보는 것입니다.

내용 정리

- 지구와 태양 사이의 거리를 1로 하였을 때 각 행성의 공전궤도의 상대적 크기.

행성	수성	금성	지구	화성	목성	토성	천왕성	해왕성	명왕성
반지름	0.4	0.7	1	1.5	5.2	9.6	19	30	40

4. 고등학교 – 1. 힘과 에너지

- 이 단원의 목표는 힘과 에너지에 의한 속도, 속력을 알아보는 것

입니다.

4. 고등학교 – 3. 신비한 우주

• 이 단원의 목표는 인류가 여러 가지 형태의 천체들과 우주현상들을 설명하기 위해 만들어 낸 이론들에 대해서 알아보는 것입니다.

5. 고등학교 – 4. 천체와 우주

• 이 단원의 목표는 천체와 우주 천문관측을 위한 방법과 도구, 태양계, 별의 특성과 진화, 우주의 큰 구조, 표준모형 우주론에 대해서 알아보는 것입니다.

내용 정리

• **에너지** : 일을 할 수 있는 능력, 에너지의 단위 : 줄(J), kgf, kcal 등

• **일** : 작용한 힘×힘의 방향으로 이동한 거리(힘의 방향과 이동 방향이 θ각을 이룰 때)

• **일과 운동에너지** : 일의 양=운동에너지의 변화량

볼쯔만이 들려주는 열역학 이야기

책에서 배우는 과학 개념

'열역학' 이라는 물리학과 관련되는 개념 및 용어들

교육과정과의 연계

구분	과목명	학년	단원	연계되는 개념 및 원리
초등학교	과학	3학년	4. 온도재기	온도 측정(온도와 열)
		4학년	5. 열에 의한 물체의 부피 변화 8. 열의 이동과 우리 생활(열)	분자의 움직임과 부피 증감 열의 이동과 열의 영향
		6학년	5. 연소와 소화	연소의 조건과 소화의 조건
중학교	과학	1학년	7. 상태 변화와 에너지	상태 변화와 분자 운동 (열의 이동, 상태 변화)
고등학교	물리II	3학년	1. 운동과 에너지	중력과 운동의 힘(열역학의 법칙)
	화학II	3학년	3. 화학반응	반응열, 반응속도 (화학반응과 에너지)

책 소개

볼쯔만은 '열역학' 이라는 물리학을 창시한 물리학자입니다. 열역학이라는 말은 초등학생들에게는 다소 생소하게 들릴 수도 있습니다. 하지만 쉽게 이야기하면 물리학의 한 분야입니다. 《볼쯔만이 들려주는 열역학 이야기》는 초등학생들의 눈높이로 열역학에 대해 설명하고 있습니다.

열역하 제1법치을 아이들에게 돈을 지불하고 아이스크림을 사먹는 과정으로 쉽게 표현하고, 간단한 확률 계산으로 엔트로피의 개념을 쉽게 설명하였으며, 도깨비를 이용하여 왜 열역학 제2법칙이 성립하는지를 설명하였습니다.

그리고 맨 마지막 부분에는 동화 '맥 가이버, 사우디 왕을 구출하다'를 통해 열에 관한 물리 총정리를 하였습니다.

이 책의 장점

1. 초등학생들에게는 과학적 사고력 확장과 창의력 개발에 도움을 주고, 중학생들에게는 중간·기말고사의 완벽한 대비가 될 수 있으며, 고등학생들에게는 충실한 수능 도우미가 됩니다.

2. 우리 주변의 소재를 이용한 탐구실험 활동을 믿음직한 볼쯔만 선생님과 실제로 해보는 듯하며 과학적 지식을 내 것으로 만들 수 있는 기회를 제공해 줍니다.

3. 초등학교 과학과 교육과정에 있는 온도 재기(온도와 열), 열에 의한 물체의 부피 변화, 열의 이동과 우리 생활(열), 연소와 소화에 대한

단원과 중학교에서 배우는 상태변화와 에너지(열의 이동, 상태변화)에 연계하여 학습할 수 있습니다.

각 차시별 소개되는 과학적 개념

1. 첫 번째 수업 _ 열이란 무엇일까요?

- 온도가 높은 물질에서 온도가 낮은 물질로 이동하는 에너지를 열이라 합니다.

2. 두 번째 수업 _ 뜨거운 물체와 차가운 물체가 만나면 어떻게 될까요?

- 온도가 다른 두 물체가 만났을 때 뜨거운 물체는 열을 잃어서 온도가 내려가고 차가운 물체는 열을 받아서 온도가 올라갑니다.

3. 세 번째 수업 _ 열팽창 이야기

- **열팽창 공식** : 늘어난 길이=열팽창계수×처음의 길이×온도변화
- **바이메탈** : 두 개의 서로 다른 금속을 붙인 것
- **밀도**=물질의 질량/부피

4. 네 번째 수업 _ 열은 어떻게 전달될까요?

- 열이 전달되는 방법에는 전도, 대류, 복사의 세 가지가 있습니다.

5. 다섯 번째 수업 _ 물질의 상태변화

- **증발** : 액체가 열을 공급받아 기체가 되는 과정
- **응축** : 기체가 열을 빼앗겨 액체로 되는 과정, 차가워진 공기 속의 수증기가 응축하여 액체인 물방울로 바뀌어 구름을 만듭니다.

안개와 구름은 같은 현상입니다.

6. 여섯 번째 수업 _ 열역학 제1법칙

- **열역학** : 열과 역학적 에너지 사이의 관계를 다루는 물리학의 분야
- **열역학 제1법칙** : 에너지보존법칙
- 열기관에 열을 공급하면 같은 양의 다른 형태의 에너지로 바뀝니다.
- **열기관에 공급한 열**=내부 에너지의 증가+열기관이 한 일
- 열역학 제1법칙에 위배되는 기관을 제1종 영구기관이라고 부릅니다.

7. 일곱 번째 수업 _ 엔트로피 이야기

- **엔트로피**는 '~로 변하다' 라는 뜻의 그리스어 '엔트로페'에서 나온 말로서 무질서한 정도를 나타내는 양입니다.
- 두 종류의 물질이 섞일 때 원래의 모습을 유지할 확률은 아주 작고, 두 물질이 섞이는 반응은 엔트로피가 커지는 방향으로 진행됩니다.

8. 여덟 번째 수업 _ 열역학 제2법칙

- **열역학 제2법칙**은 엔트로피 증가의 법칙입니다. 엔트로피가 점점 커져 최대가 될 때까지 반응은 이루어지는데 이때를 '평형'이라고 부릅니다.
- 열기관에는 증기기관, 가솔린엔진, 디젤엔진 등이 있습니다.
- **열기관의 효율** : 열기관이 받은 열 중 열기관이 한 일의 비율

- 열역학 제2법칙에 위배되는 기관을 제2종 영구기관이라고 부릅니다.

9. 마지막 수업 _ 맥스웰의 도깨비

- 잉크 물은 잉크분자와 물 분자가 섞여 있는데, 맥스웰은 한 번 무질서해진 것이 저절로 질서정연하게 배열(잉크와 물로 분리)되는 일은 생기지 않는다고 생각합니다.

이 책이 도움을 주는 관련 교과서 단원

볼쯔만이 들려주는 열역학 이야기와 관련되는 교과서에 등장하는 용어와 개념들입니다

1. 초등학교 3학년 1학기 – 4. 온도 재기

- 이 단원의 목표는 여러 종류의 온도계를 알아보고, 이 온도계로 온도를 측정해 보는 것입니다.

2. 초등학교 4학년 2학기 – 5. 열에 의한 물체의 부피 변화

- 이 단원의 목표는 물질을 구성하는 분자의 움직임이 온도에 따라 달라짐을 알아보는 것입니다.

3. 초등학교 4학년 2학기 – 8. 열의 이동과 우리 생활

- 이 단원의 목표는 열의 이동이 우리 생활과 어떤 관계가 있는지

알아보는 것입니다.

4. 초등학교 6학년 2학기 – 5. 연소와 소화

• 이 단원의 목표는 연소와 소화의 조건을 알아보는 것입니다.

내용 정리

• 1칼로리(cal)의 열이라 함은 물 1그램(g)을 섭씨 1℃ 높이는 데 필요한 열량을 말합니다.

• 열에 의한 공기의 부피 변화 알아보기

– 열에 의한 물체의 길이와 부피 변화 : 가열하면 길이와 부피가 늘고 식으면 줄어듭니다.

– 열에 의한 물체의 변화를 이용한 예

1) **고체의 부피 변화 :** 철로의 틈새, 다리의 이음새, 전신주, 옹벽의 틈, 자동 온도 조절 장치

2) **액체의 부피 변화 :** 온도계

3) **기체의 부피 변화 :** 타이어의 공기압

4) **열에 의한 물체의 변화 정도 :** 고체<액체<기체

5) **불이 타기 위한 조건 :** 불이 타기 위해서는 탈 물질, 산소의 공급, 발화점 이상으로의 가열

5. 중학교 1학년 – 7. 상태변화와 에너지

• 이 단원의 목표는 상태변화와 열에너지, 상태변화와 분자 운동을
알아보는 것입니다.

내용 정리

1cal=1X(물 1g)X(1℃ 변화), $\frac{1}{8}$cal=$\frac{1}{8}$X(철 1g)X(1℃ 변화) 이때 $\frac{1}{8}$을
철의 **비열**이라고 부릅니다.

(열량)=(비열)X(질량)X(온도 변화), 물 1g을 증발시키는 데
539cal의 열이 필요하다.

예) 모터는 전기에너지를 운동에너지로, 전등은 전기에너지를 빛에
너지로, 전열기는 전기에너지를 열에너지로, 발전기는 운동에너
지를 전기에너지로, 열기관은 열에너지를 운동에너지로 바꾸어
줍니다.

6. 고등학교 – 1. 운동과 에너지

• 이 단원의 목표는 운동의 기술, 중력장 내의 운동, 충돌, 등속원운
동, 만유인력에 의한 운동, 만유인력에 의한 운동, 단진동, 기체의
분자 운동, 열역학의 법칙을 알아보는 것입니다.

7. 고등학교 – 3. 화학반응

• 이 단원의 목표는 반응열, 반응속도를 이해하고, 반응속도에 영향을 주는 요인을 알아보는 것입니다.

> 내용 정리
>
> **열기관이 받은 열**=열기관이 한 일+열기관이 방출한 일

코페르니쿠스가 들려주는
지동설 이야기

책에서 배우는 과학 개념

지동설과 관련되는 개념 및 용어들

교육과정과의 연계

구분	과목명	학년	단원	연계되는 개념 및 원리
초등학교	과학	4학년 1학기	8. 별자리를 찾아서	계절 별 별자리
		5학년 2학기	7. 태양의 가족	태양계 각 행성의 특성
중학교	과학	2학년	3. 지구와 별	지구의 크기와 모양
		3학년	7. 태양계의 운동	계절별 별의 위치와 운동
고등학교	지구과학 I	1학년	5. 지구	지진과 화산 활동, 판의 경계와 지각 변동

구분	과목명	학년	단원	연계되는 개념 및 원리
고등학교	지구과학 I	2학년	1. 지구의 탐구	지동설 '태양 중심 천문 체계' 천동설 '지구 중심 천문 체계'
	지구과학 II	3학년	4. 천체와 우주	별의 종류에 따라 각기 다른 표면 온도

책 소개

지동설을 받아들이게 하는 데 가장 중요한 역할을 했던 코페르니쿠스의 강의를 통해 지동설과 천동설을 알아보고, 특히 갈릴레이 그리고 케플러의 지동설에 대한 공헌과 역할을 이해하여, 이를 통해 근대과학의 기반이 되는 뉴턴역학이 어떻게 태어났는지 그리고 그 내용이 무엇인지를 정확하게 이해할 수 있게 될 것입니다.

《코페르니쿠스가 들려주는 지동설 이야기》를 통해 우리가 가지고 있는 편견의 벽이 얼마나 두껍고 높은지 그리고 과학의 발전이 그런 벽을 깨고 얼마나 어렵게 이루어지는지를 느낄 수 있습니다.

이 책의 장점

1. 천문학과 천체물리학의 다른 점이 무엇인지 기초부터 이해하기 쉽게 설명하였으며, 천체물리학의 이론을 학술적, 단계적으로 표현하여 공부하는 학생들에게 흥미를 유발시키고자 했습니다.

2. 중학생들에게는 과학적 사고력 확장과 중간·기말고사의 대비가 될 수 있으며, 고등학생들에게는 지구과학의 충실한 수능 도우미

가 됩니다.

3. 우리 주변의 소재를 이용한 탐구실험 활동을 믿음직한 라플라스 선생님과 함께 실제로 해보는 듯하며 든든한 과학적 지식을 내 것으로 만들 수 있는 기회를 제공해 줍니다.

각 차시별 소개되는 과학적 개념

1. 첫 번째 수업 _ 천문학자가 된 참사회 의원

- 코페르니쿠스의 직업은 가톨릭 교회 참사회 의원이었으며, 수학과 천문학, 법학, 의학을 공부하고 천문학에 관심이 많던 그는 교회의 달력 개정을 위해 '그레고리력' 이라 불리는 달력을 만들었습니다.

2. 두 번째 수업 _ 신화에서 과학으로

- 고대 그리스인들은 자연에서 일어나는 여러 가지 일들의 원인을 신이 아니라 자연 자체에서 찾기 시작하고, 신화를 대신해서 우주와 자연현상을 설명할 새로운 방법을 찾으면서 과학이 발전하게 되었습니다.

3. 세 번째 수업 _ 지구와 달 그리고 태양의 크기를 재다

- 에라토스테네스는 과학적인 사고와 방법(각도와 닮은꼴 삼각형)을 통해 지구와 달, 태양과 관계된 사실을 하나하나 밝혀내었습니다.

4. 네 번째 수업 _ 아리스타쿠스의 지동설

- 아리스타쿠스는 철학자였으며 그와 마찬가지로 지동설을 주장한 아르키메데스(부력의 원리를 발견하고 지렛대의 원리를 이용하여 여러 가지 도구를 제작했음)가 아리스타쿠스의 지동설을 기록으로 남겼습니다.

  지동설은 '태양 중심 천문체계'이며, 천동설은 '지구 중심 천문체계'입니다.

5. 다섯 번째 수업 _ 프톨레마이오스의 천동설

- 에우독소스와 히파르코스에서 시작된 천동설은 프톨레마이오스에 의해 완성되었으며, 지구에서 하늘을 관측하다보니 천체들의 움직임이 복잡해 보였고, 그러한 천체에 한 행성의 운동을 설명하기 위해 두 개의 원과 이심과 대심이라는 두 개의 점이 필요하게 되므로 너무 복잡했습니다. 하지만 복잡한 만큼 행성의 위치나 일식과 월식은 더 정확하게 예측할 수 있게 되었습니다.

6. 여섯 번째 수업 _ 암흑시대를 넘어 다시 지동설로

- 유럽의 천문학은 발전을 멈춘 채 정체되었고 천문학의 성서로 추앙받던 《알마게스트》에 대한 반발이 있었으며, 코페르니쿠스는 지동설에 관한 논문을 발표했습니다.

7. 일곱 번째 수업 _ 천체 회전에 관하여

- 코페르니쿠스가 죽기 전에 《천체 회전에 관하여》라는 책명으로 실제의 우주현상을 반영한 지동설을 설명하였고 지동설을 받아들였던 케플러는 행성의 운동법칙을 발견하고, 갈릴레이와 케플러는 지동설의 증거들을 찾아냈고, 이것은 뉴턴역학을 탄생시키

는 길잡이 역할을 하였습니다.

8. 여덟 번째 수업 _ 갈릴레이와 지동설

• 갈릴레이는 지동설을 전파하지 못하도록 핍박을 받으면서도 '지구는 돌고 있다'는 진리를 주장하였고 그의 노력은 큰 성과를 거두게 되었습니다.

9. 마지막 수업 _ 지동설을 완성한 브라헤와 케플러

• 갈릴레이가 교회의 반대 속에서 지동설을 지켜낸 사람이라면 행성이 타원운동을 한다고 밝힌 케플러는 코페르니쿠스의 지동설을 완성시킨 사람이고, 이들에 이르러 지동설은 사실로 인정되었습니다.

이 책이 도움을 주는 관련 교과서 단원

코페르니쿠스가 들려주는 지동설 이야기와 관련되는 교과서에 등장하는 용어와 개념들입니다.

1. 초등학교 4학년 1학기 – 8. 별자리를 찾아서

• 이 단원의 목표는 계절별로 볼 수 있는 별자리, 계절에 따라 별자리가 달라지는 이유를 알아보는 것입니다.

2. 초등학교 5학년 2학기 – 7. 태양의 가족

• 이 단원의 목표는 태양계 각 행성의 특성을 알아보는 것입니다.

3. 중학교 2학년 – 3. 지구와 별

- 이 단원의 목표는 지구의 크기와 모양을 알아보는 것입니다.

4. 중학교 3학년 – 7. 태양계의 운동

- 이 단원의 목표는 계절별 별의 위치와 일주운동, 일식, 월식, 행성의 운동을 알아보는 것입니다.

5. 고등학교 1학년 – 5. 지구

- 이 단원의 목표는 지진과 화산 활동, 판의 경계와 지각 변동을 알아보는 것입니다.

6. 고등학교 2학년– 1. 지구의 탐구

- 이 단원의 목표는 지동설은 '태양 중심 천문체계' 이며, 천동설은 '지구 중심 천문 체계' 라는 개념을 알아보는 것입니다.

7. 고등학교 – 4. 천체와 우주

- 이 단원의 목표는 별들의 각기 다른 표면 온도에 따라 색깔과 색지수는 어떻게 나타나는지를 살펴보고 분광형에 나타나는 각 별의 특성을 알아보는 것입니다.

분광형	스펙트럼	색지수	온도(K)	색
O5		−0.32	50000	청색
B0		−0.30	29000	청백색
A0		0.00	9600	백색
F0		0.30	7200	황백색
G0		0.60	6000	황색
K0		0.81	5300	주황색
M0		1.39	3900	적색

피타고라스가 들려주는
삼각형 이야기

책에서 배우는 과학 개념

삼각형과 피타고라스의 정리에 관련되는 개념 및 용어들

교육과정과의 연계

구분	과목명	학년	단원	연계되는 개념 및 원리
초등학교	수학	4학년 가	4. 삼각형	예각과 둔각
		5학년 가	2. 무늬 만들기	도형의 닮은꼴
중학교	수학	2학년 가	2. 삼각형의 성질 4. 도형의 닮음	이등변삼각형, 직각삼각형 합동 조건 증명, 삼각형의 닮음 조건
		3학년 나	2. 피타고라스의 정리 4. 삼각비	삼각형의 중점 연결 정리, 도형의 닮음비를 이용하여 닮은 도형의 넓이와 부피를 구함

《피타고라스가 들려주는 삼각형 이야기》에서 눈여겨볼 것은 피타고라스의 정리에 대한 여러 가지 재미있는 증명법입니다. 그리고 피타고라스의 정리뿐 아니라 삼각형에 대한 많은 내용들을 담고 있습니다. 그러므로 삼각형과 관련된 모든 원리를 정리해보고 싶은 학생들에게 적극 추천하고 싶은 책입니다.

이 책의 장점

1. 삼각형이란 무엇인가부터 이해하기 쉽게 설명하였으며, 피타고라스의 정리를 단계적으로 표현하여 공부하는 학생들에게 흥미를 유발시키고, 피타고라스의 정리를 활용하는 법까지 썼습니다.

2. 초등학생들에게는 수학적 사고력 확장과 중학생들에게는 중간·기말고사의 대비가 될 수 있는 도우미가 됩니다.

3. 피타고라스 선생님께 실제로 배우는 듯하며 든든한 수학적 지식을 내 것으로 만들 수 있는 기회를 제공해 줍니다.

4. 이 책의 부록 동화 《삼각 나라의 앨리스》는 삼각형과 관련된 여러 가지 수학 퍼즐을 통해 책에서 배운 내용을 총정리할 수 있는 기회가 될 것입니다.

각 차시별 소개되는 과학적 개념

1. 첫 번째 수업 _ 삼각형이란 무엇일까요?

   • 삼각형의 종류와 삼각형의 정의

2. 두 번째 수업 _ 삼각형과 각도

   • 삼각형의 세 개의 내각 및 삼각형과 관련된 각도

3. 세 번째 수업 _ 삼각형의 닮음과 관련된 성질

   • 삼각형에서 두 개의 각이 같으면 두 삼각형은 닮은꼴입니다.

4. 네 번째 수업 _ 삼각형의 넓이

   • 삼각형은 면을 가지고 있으므로 넓이를 가지며, 삼각형의 넓이
   구하는 방식과 공식

5. 다섯 번째 수업 _ 피타고라스의 정리

   • 직각삼각형의 세변의 길이 사이의 관계와 피타고라스의 정리

6. 여섯 번째 수업 _ 피타고라스의 정리 증명

   • 피타고라스의 정리 증명 방법은 300가지가 넘는데, 피타고라스
   의 정리는 어떻게 증명할까요?

7. 일곱 번째 수업 _ 피타고라스의 정리 활용

   • 피타고라스 정리는 어디에 사용되는지 알아보고, 피타고라스의
   정리를 이용한 문제를 풀어봅니다.

8. 여덟 번째 수업 _ 피타고라스의 정리와 입체도형

   • 직육면체, 사각뿔, 원기둥과 같은 도형을 입체도형이라 부르며,
   피타고라스의 정리를 입체도형에 활용해 봅니다.

9. 마지막 수업 _ 가장 짧은 거리

- 두 점을 잇는 가장 짧은 거리를 피타고라스의 정리를 이용하여 길이를 구해 봅니다.

이 책이 도움을 주는 관련 교과서 단원

피타고라스가 들려주는 삼각형 이야기와 관련되는 교과서에 등장하는 용어와 개념들입니다

1. 초등학교 4학년 가 – 4. 삼각형

- 이 단원의 목표는 예각과 둔각을 알아보는 것입니다.

2. 초등학교 5학년 가 – 2. 무늬 만들기

- 이 단원의 목표는 도형의 닮은꼴을 알아보는 것입니다.

> **내용 정리**
> - **예각** : 직각보다 작은 각
> - **둔각** : 직각보다 크고, 180°보다 작은 각

3. 중학교 2학년 나 – 2. 삼각형의 성질

> **★용어와 기호**
> 명제, 가정, 결론, 역, 정의, 증명, 외심, 외접원, 내심, 내접, 내접원, 닮음, 닮음비, 닮음의 중심, 닮음의 위치, 삼각형의 닮음 조건, 중선, 무게중심, □ABCD,

4. 중학교 3학년 나 - 2. 피타고라스의 정리

• 이 단원의 목표는 도형의 닮음비를 이용하여 닮은 도형의 넓이와 부피를 구할 수 있는 방법을 알아보는 것입니다.

• 도형의 닮음(삼각형의 무게중심, 넓이, 부피, 평행선, 선분의 길이) **삼각비**(길이, 넓이, 삼각비의 값)

콘라트가 들려주는
야생 거위 이야기

책에서 배우는 과학 개념

동물학과 관련되는 개념 및 용어들

교육과정과의 연계

구분	과목명	학년	단원	연계되는 개념 및 원리
초등학교	과학	4학년 2학기	1. 동물의 생김새	동물의 종류, 생김새와 특징
		5학년 2학기	1. 환경과 생물	장소에 따른 동물
		6학년 1학기	5. 주변의 생물	생물의 생물 조사 및 분류, 특징
		6학년 2학기	3. 쾌적한 환경	생태계의 구조
고등학교	생물 I	2학년	9. 생명과학과 인간의 생활	생물, 생명, 공학적 생태계
	생물 II	3학년	4. 생물의 다양성과 환경	상호 작용을 하는 식물과 동물의 집합 군집

책 소개

《콘라트가 들려주는 야생 거위 이야기》는 로렌츠 콘라트 씨가 야생 거위를 관찰, 연구한 이야기로서 기러기목 오리과에 속하는 거위의 여러 종류와 생태에 관해 쉽게 설명하였으며, 야생 거위의 자라나는 과정을 단계적으로 표현하여 공부하는 학생들의 흥미를 끌도록 하였습니다.

이 책의 장점

1. 야생 거위는 언제부터 어미를 알아볼 수 있을까 부터 이해하기 쉽게 설명하였으며, 야생 거위의 자라나는 과정은 물론 야생 거위의 본능과 계급사회인 거위 무리의 특성 서열 싸움까지 다루었습니다.
2. 초등학생들에게는 계급사회에 관한 사고력을 키워주고 고등학생들에게는 중간·기말고사의 대비가 될 수 있는 도우미가 됩니다.
3. 이 책의 부록 동화 《닐스의 신기한 여행과 아름다운 비행》을 통해 책에서 배운 내용을 총정리할 수 있는 기회가 될 것입니다.

각 차시별 소개되는 과학적 개념

1. 첫 번째 수업 _ 야생 거위는 언제부터 어미를 알아볼 수 있을까요?
   - 야생 거위는 태어나서 각인이라는 본능에 의하여 17시간 내에 어미의 모습을 머릿속에 새깁니다.

2. 두 번째 수업 _ 새끼 거위 건강하게 돌보기

- 새끼 거위에게 어미로 각인되면 새끼 거위의 독립심이 커질 때까지는 어렵더라도 항상 함께해야 하고, 새끼 거위를 돌보는 일은 상상 이상의 세심함이 필요합니다.

3. 세 번째 수업 _ 새끼 거위의 비행 연습

- 새끼 거위는 태어날 때부터 나는 방법을 알고 있지만 공간적인 거리 구별과 높이는 알지 못하며, 큰 후에 어미 거위한테서 이 모든 것을 배웁니다.

4. 네 번째 수업 _ 왜 야생 거위를 연구하나요?

- 대부분의 동물들은 혼자 돌아다니며 사는 경우가 많은데, 거위는 예외적으로 사람들처럼 사회생활을 하고 함께 문제를 해결하는 동물입니다.

5. 다섯 번째 수업 _ 거위들의 사랑 이야기

- 야생 거위에게도 사랑은 한 번에 쉽게 얻어지지 아니하고, 수컷 거위와 암컷 거위는 한 번 인연을 맺으면 죽을 때까지 함께 한답니다.

6. 여섯 번째 수업 _ 야생 거위는 언제 화를 낼까요?

- 거위 무리는 서로 무리를 지어 생활하고 함께 어려움을 극복해 나가지만 야생 거위 사회는 철저한 계급사회이며, 태어난 지 며칠 지나지 않아서부터 형제간에 서열 싸움을 합니다.

7. 일곱 번째 수업 _ 야생 거위들의 대화 방법

- 좋을 때나 흥겨울 때 승리의 함성을 크게 내지르고, 새끼가 위험

하면 날카로운 소리를 내며, 새끼들은 어미 날개 밑에서 쉬고 싶을 때에 '그르렁 그르렁' 하기도 합니다.

8. 여덟 번째 수업 _ 야생 거위의 길 찾기
- 야생 거위는 추운 겨울이 되면 우리가 느끼지 못하는 것을 감지해내는 그들만의 모든 능력을 길 찾기에 이용할 것입니다.

9. 아홉 번째 수업 _ 동물행동학이란 무엇인가?
- 동물행동학은 동물들과 대화하는 방법을 잊어버린 우리가 다시 동물들과 대화를 시도하기 위한 학문입니다.

10. 마지막 수업 _ 야생 거위와 관련된 이야기들
- 야생 거위는 사람들에게 매우 가깝고 친근한 동물입니다.

이 책이 도움을 주는 관련 교과서 단원

콘라트가 들려주는 야생 거위 이야기와 관련하여 교과서에 등장하는 용어와 개념들입니다

1. 초등학교 4학년 2학기 – 1. 동물의 생김새
- 이 단원의 목표는 동물의 종류, 생김새와 특징, 주위에 살고 있는 동물, 사는 곳과 생활방식을 알아보는 것입니다.

2. 초등학교 5학년 2학기 – 1. 환경과 생물

- 이 단원의 목표는 하늘, 땅 위, 땅속, 물속, 바닷가, 숲 속 등 각기 다른 장소에 사는 동물들의 종류를 알아보는 것입니다.

3. 초등학교 6학년 1학기 – 5. 주변의 생물

- 이 단원의 목표는 우리 주변의 생물의 종류, 특징, 다양성을 알아 보는 것입니다.

4. 초등학교 6학년 2학기 – 3. 쾌적한 환경

- 이 단원의 목표는 다음의 용어들을 익히는 것입니다.

내용 정리

- **생산자** : 살아가는 데 필요한 양분을 스스로 만드는 생물
- **소비자** : 살아가는 데 필요한 양분을 스스로 만들지 못하고 생산 자인 식물이나 다른 생물을 먹이로 하여 살아가는 생물
- **분해자** : 죽은 동식물을 썩게 하는 생물
- **먹이 연쇄** : 생물들 사이의 먹고 먹히는 관계가 마치 사슬처럼 연 결되어 있는 것
- **먹이그물** : 먹이 연쇄가 여러 개 얽혀서 마치 그물처럼 보이는 것
- **생태계** : 지구상에 생물적 요소와 비생물적 요소가 서로 상호 작 용을 통해 균형과 조화를 이루고 있는 것
- **생태계의 구조** : 생산자 – 1차 소비자 – 2차 소비자 – 3차 소비자
- **생태계의 평형** : 어떤 지역이나 생물의 종류와 수가 일정하게 유 지되는 것

5. 고등학교 - 9. 생명과학과 인간의 생활

- 이 단원의 목표는 생물적, 비생물적 환경을 포함하여 그 속에서 상호 작용을 하는 생명 공학적 생태계를 알아보는 것입니다.

6. 고등학교 - 4. 생물의 다양성과 환경

- 이 단원의 목표는 생물들의 생활 환경과 군집에 대해 알아보는 것입니다.

윌슨이 들려주는
판구조론 이야기

책에서 배우는 과학 개념

판구조론에 관련되는 개념 및 용어들

교육과정과의 연계

구분	과목명	학년	단원	연계되는 개념 및 원리
초등학교	과학	4학년 2학기	3. 지층을 찾아서	지층, 알갱이 관찰
		5학년 2학기	4. 화산과 암석	현무암과 화강암 관찰
		6학년 1학기	2. 지진	지층이 왜 휘어지고 어긋나는지를 알아보는 것
중학교	과학	1학년	1. 지구의 구조 3. 지각의 물질	지각, 맨틀, 내핵, 외핵
		2학년	6. 지구의 역사와 지각 변동	

구분	과목명	학년	단원	연계되는 개념 및 원리
고등학교	지구과학 I	2학년	1. 살아 있는 지구	판구조론
	지구과학 II	3학년	1. 지구 물질과 지각 변동	지구 내부 물질과 판구조론과 대류작용

책 소 개

《윌슨이 들려주는 판구조론 이야기》는 고체 지구의 모습을 살피는 것으로부터 시작하여 지하의 구조를 알고, 지표의 움직임을 이해하며 또 지구에서 일어나고 있는 여러 가지 격렬한 현상을 살펴볼 수 있도록 과학적으로 설명하고 있습니다.

지구 내부 운동의 규모는 우리가 생각하는 것보다 복잡하지만 이 책을 함께 공부해 나감으로써 우리는 멋진 지구의 모습을 차근차근 이해할 수 있습니다.

이 책의 장점

1. 판구조론의 기초로부터 이해하기 쉽게 설명하였으며, 판구조론의 이론을 학술적, 단계적으로 표현하여 공부하는 학생들에게 흥미를 유발시키고, 현실적으로 느껴지도록 썼습니다.
2. 중학생들에게는 과학적 사고력을 확장해 주고 중간·기말고사의 대비가 될 수 있으며, 고등학생들에게는 화학의 충실한 수능 도우미가 됩니다.

3. 우리 주변의 소재를 이용한 탐구실험 활동을 믿음직한 윌슨 선생님과 실제로 해보는 듯하며 든든한 과학적 지식을 내 것으로 만들 수 있는 기회를 제공해 줍니다.

각 차시별 소개되는 과학적 개념

1. 첫 번째 수업 _ 지구 속은 어떻게 생겼나요?
   - 지구 속은 지각, 맨틀, 핵(내핵과 외핵)으로 이루어졌습니다.

2. 두 번째 수업 _ 지구 표면을 나눠요
   - 지구 표면은 내륙 지각과 해양 지각으로 나누어지고, 다시 크고 작은 부분들로 나누어지는데 이 부분들이 조금씩 이동하면서 부딪치기에 '판' 이라고 부릅니다.

3. 세 번째 수업 _ 판들이 서로 인사해요 : 만남, 헤어짐 그리고 스쳐 지나감
   - 판들이 움직이는 방향과 속도가 제각각이라, 그 경계에는 다음과 같은 여러 가지 형상이 나타납니다.
     - 해령 : 확장경계의 중심부에서 일어나는 맨틀의 상승류가 암석권을 들어 올려 해저확장 경계의 지각이 높아진 것
     - 열곡 : 해령이 솟아오른 지각이 양옆으로 확장될 때 빈 공간이 생겨 중심부에 깊은 골짜기가 만들어진 것
     - 수렴 경계 : 두 판이 서로 가까워지는 경계이며, 침강(가라 앉음) 경계와 충돌(산맥이 생김) 경계가 있습니다.

- 단층 : 지구 표면의 땅들이 깨어질 때 생기는 지형의 모습

4. 네 번째 수업 _ 밤새 오렌지 나무가 어긋났네요
- 육지의 일반 단층의 모습과 해양 지각의 이동과 변환단층의 모습

5. 다섯 번째 수업 _ 판은 왜 움직이나요?
- 판들은 대류하고, 그 위에 판이 맨틀의 흐름을 타고 이동하는 때에 생기는 판의 무게와 해저 높이의 변화 등이 어우러져 이동시키는 힘이 생성됩니다.

6. 여섯 번째 수업 _ 땅이 흔들리고 화산이 폭발해요
- 히말라야와 알프스는 두 판이 서로 접근하는 경계에 생겨난 산맥입니다.

7. 일곱 번째 수업 _ 아프리카가 갈라져요
- 한반도와 일본은 옛날에는 거의 붙어 있습니다.
  동해 쪽의 땅이 벌어지면서 일본이 떨어져 나갔습니다.
  이것이 판의 운동으로 대륙이 갈라지는 것입니다.

8. 여덟 번째 수업 _ 하와이는 뜨거워요
- 해령이나 침강경계와 같은 판에 있어서 활발한 화산 활동이 일어난다고 했습니다. 하지만 하와이 열도가 위치한 태평양 한 가운데는 판의 경계가 아니라 태평양판의 내부인데도 화산 활동이 일어나는 것은 하와이가 섬 아래에 고정된 마그마의 분출 장소, 즉 '열점'(hot spot)이기 때문입니다.

9. 마지막 수업 _ 지구의 심장이 뛰어요

- 판을 움직이는 대류 운동은 상부 맨틀의 대류이고, 그 아래 하부 맨틀과의 경계인 약 670㎞까지 내려간 해양판은 침강이 계속되어 어떤 양 이상의 무게가 되면 맨틀과 핵의 경계에 떨어져 그 주변에 있던 뜨거운 맨틀 물질이 반동적으로 상승류를 만들어 움직입니다.

이 책이 도움을 주는 관련 교과서 단원

1. 초등학교 4학년 2학기 – 3. 지층을 찾아서

- 이 단원의 목표는 지층이 쌓이는 순서, 지층이 만들어지는 과정, 지층을 이루고 있는 알갱이, 지층의 모습을 알아보는 것입니다.

2. 초등학교 5학년 2학기 – 4. 화산과 암석

- 이 단원의 목표는 화산이 분출하는 모양, 화산의 모양, 화산과 관련된 암석, 현무암과 화강암의 형태, 화산 활동이 우리에게 주는 영향 등을 알아보는 것입니다.

3. 초등학교 6학년 1학기 – 2. 지진

- 이 단원의 목표는 지구가 생긴 이래 만약 지층이 휘어지지 않았다면 지금의 지구 모습은 어떻게 되어 있을지 그리고 지층이 왜 휘어지고 어긋나는지를 알아보는 것입니다.

4. 중학교 1학년 – 1. 지구의 구조

• 이 단원의 목표는 지구 내부에서 가장 얇은 층은 지각이고, 가장 두꺼운 층은 맨틀이라는 것, 대기권에서 가장 얇은 층은 대류권이고, 가장 두꺼운 층은 열권이라는 사실 그리고 지구의 내부가 어떻게 생겼는지를 알아보는 것입니다. 지구 속은 지각, 맨틀, 핵(내핵과 외핵)으로 이루어졌습니다.

5. 중학교 1학년 – 3. 지각의 물질

• 이 단원의 목표는 지각의 구성 물질, 지각의 구성 원소, 지표가 어떻게 변화하는지를 알아보는 것입니다.

6. 중학교 2년 – 6. 지구의 역사와 지각 변동

• 이 단원의 목표는 지구의 역사와 지각 변동, 지각 변동이 왜 일어나고 어떻게 대륙이 움직이는지를 알아보는 것입니다.

7. 고등학교 – 1. 살아 있는 지구

• 이 단원의 목표는 판구조론을 이해하고 지질시대에 대해서도 알아보고, 지각 변동과 지진은 어떻게 생기는지를 알아보는 것입니다.

8. 고등학교 – 1. 지구 물질과 지각 변동

• 이 단원의 목표는 지구 표면은 10여 개의 지각 판으로 구성되어 있고, 이들 각 판은 맨틀 대류에 의해서 연간 수 ㎝씩 이동한다는 것을 알아보며, 지구 내부 물질과 판구조론 그리고 대륙이동설을 알아보는 것입니다.

플레밍이 들려주는
페니실린 이야기

책에서 배우는 과학 개념

항생물질 페니실린에 관련되는 개념 및 용어들

교육과정과의 연계

구 분	과목명	학년	단원	연계되는 개념 및 원리
초등학교	과학	5학년 1학기	9. 작은 생물	생물들의 생김새와 특징
고등학교	생물 II	3학년	4. 생물의 다양성과 환경	생물의 다양성과 미생물, 바이러스, 균계 등의 환경

책 소개

우리 눈에 보이지 않는 작은 생물을 '미생물' 이라고 부릅니다. 어떤 미생물은 몸에 난 상처나 음식물, 또는 마시는 우유나 물을 통해 우리 몸 속에 들어와 배가 아프게 하기도 하고, 갑자기 설사를 일으키고, 열이 나게 하고, 피부가 썩게 하기도 하고, 심하면 죽게 하기도 합니다. 하지만 어떤 미생물은 우리에게 좋은 일을 해 주기도 합니다.

미생물에 대한 관심을 갖기 시작한 것은 불과 150년 정도입니다. 파스퇴르가 미생물 다루는 방법을 이야기한 지 거의 90년이 지난 1928년 플레밍은 포도상 구균을 배양할 때 배지 접시에 날아 들어온 곰팡이 포자가 자라면서 포도당구균을 자라지 못하게 하는 장면을 놓치지 않고 관찰하게 되고, 그 곰팡이균을 페니실린이라 불렀습니다. 그 이후, 1940년 영국의 병리학자 플로리와 생리학자 체인이 페니실린을 분말로 정제하는 데 성공했습니다.

이 책 《플레밍이 들려주는 페니실린 이야기》를 통해 생명과학의 넓은 세계를 경험할 수 있습니다.

이 책의 장점

1. 생물의 기초인 미생물 단세포로부터 이해하기 쉽게 설명하였으며, 변화 이론을 단계적으로 표현하여 공부하는 학생들에게 흥미를 유발시키고, 현실적으로 느끼며 공부하도록 썼습니다.

2. 고등학생들에게는 과학적 사고력을 길러주고 중간·기말고사의 대비가 될 수 있으며, 생물의 충실한 수능 도우미가 됩니다.

3. 우리 주변의 소재를 이용한 탐구실험 활동을 믿음직한 플레밍 선생님과 실제로 해보는 듯하며 든든한 과학적 지식을 내 것으로 만들 수 있는 기회를 제공해 줍니다.

각 차시별 소개되는 과학적 개념

1. 첫 번째 수업 _ 사람에게 왜 병이 생기는 것일까요?

• 감염성 질병은 인체에 미생물(병원균)이 침입하여 생깁니다. 죽은 균이나 살아 있는 균이 몸에 들어오면 백혈구들이 균과 싸우기 시작하는 것을 '면역반응' 이라고 합니다. 이때에 백혈구가 지면 병에 걸리게 됩니다.

2. 두 번째 수업 _ 세균이란 무엇일까요?

• 우리 눈에 보이지 않는 그 미생물 속에 무엇이 있는지 어떻게 볼 수 있을까요?
  - 콜로니 : 세균 또는 단세포 고형배지에서 눈으로 볼 수 있을 만큼 증식된 집단을 말합니다.

3. 세 번째 수업 _ 곰팡이는 또 무엇일까요?

• 곰팡이에는 페니실린을 만들어낸 미생물 중의 하나이며 불완전 균류인 페니실리움균이 있습니다.
  - 균류 : 곰팡이계의 미생물

4. 네 번째 수업 _ 의사로서 플레밍은 어떤 일을 했을까요?

- 1906년 25세에 의사면허를 받고 세인트메리병원 예방접종과에서 학문의 길을 걷기 시작하여 1922년 '리소자임'을 발견
  - **옵소닌** : 백신주사로 생기는 물질로 병원균이 침입하면 백혈구가 이들 균을 없애버리도록 도와주는 물질

5. 다섯 번째 수업 _ 다시 기적을 보인 페니실린

- 곰팡이는 20℃에서 잘 자라고 페니실린을 잘 생성합니다. 페니실리움 노타툼이 포도상구균을 분해합니다. 1941년 플로리가 페니실린을 개발하였습니다.
  - **라 토체** : 천식을 일으키는 곰팡이
  - **길항작용**: 서로 다른 미생물 중 하나가 다른 쪽 미생물의 생장을 억제하는 물질을 분비하는 관계
  - **동결건조법**: 물을 얼린 상태에서 진공펌프로 압력을 낮추어 시료를 말리는 기술

6. 여섯 번째 수업 _ 페니실린 대량 생산을 위하여

- 전쟁의 위험 속에서 플로리는 페니실린이 대량 생산되어 많은 전상자들의 세균감염을 막을 수 있다고 생각하고, 시설이 좋은 미국에서 페니실린을 생산하는 것이 좋다고 생각하여 미국으로 갔습니다.
  - **심층 발효** : 곰팡이를 액체배지 속에 잠기게 하여 배양하는 것
  - 썩은 참외에서 페니실리움 크라이소게늄이 발견되었고, 위스콘신 대학에서는 x선 조사와 화학물질에 의한 곰팡이의 돌연

변이체를 만들어 균주보다 250배 이상의 수율로 증가시켰습니다.

7. 일곱 번째 수업 _ 페니실린이 바꾸어 놓은 세상

- 세균 감염으로 생기는 병을 막을 수 있다는 생각은 사람들에게 약에 대한 믿음을 가져다 주었고, 수많은 제약 회사들이 더 많은 종류의 새로운 약을 개발하려고 노력했어요.
  - 세팔로스포린 합성 방법 : 자연에서 얻은 항생 물질의 기능을 알아내어 구조를 밝힌 뒤에 다시 그 구조에 따라 유기합성시키는 방법

8. 여덟 번째 수업 _ 여러분이 좋아하는 항생제

- 우리 주변의 병원이나 약국에서는 너무나 쉽게 항생제 처방이 되고, 약의 오남용은 내성균을 더 늘이는 결과를 가져옵니다.
  - **반 합성 페니실린 : 암피실린과 카베니실린**

9. 마지막 수업 _ 또 다른 기적의 약을 기다리며

- 약의 오남용으로 이제 우리에겐 항생제 내성균에 대한 새로운 약이 필요할지 모릅니다. 아직도 개발하지 못하고 있는 항바이러스 제제로 또 다른 기적을 이루어 냅시다.

이 책이 도움을 주는 관련 교과서 단원

플레밍이 들려주는 페니실린 이야기와 관련되는 교과서에 등장하는 용어와 개념들입니다

1. 초등학교 5학년 1학기 – 9. 작은 생물

- 이 단원의 목표는 우리 주위의 물, 땅, 땅속에 사는 작은 생물들의 생김새와 특징에 대하여 관찰하고 조사하는 것입니다.

2. 고등학교 – 4. 생물의 다양성과 환경

- 이 단원의 목표는 생물의 다양성과 미생물, 바이러스, 균계 등이 사는 환경을 알아보는 것입니다.

과학자들이 들려주는 과학 이야기 50

튜링이 들려주는
암호 이야기

책에서 배우는 과학 개념

암호와 수에 관련되는 개념 및 용어들

교육과정과의 연계

구분	과목명	학년	단원	연계되는 개념 및 원리
초등학교	수학	5학년 가	1. 배수와 약수	배수와 약수에 대하여
		6학년 나	6. 경우의 수	여러 가지 경우의 수
중학교	수학	1학년 가	1. 집합 2. 정수와 유리수	이진법이란 무엇이며 어디에 사용하나 / 정수와 유리수를 구분할 수 있는 법
고등학교	수학 I	2학년	6. 순열	합의 법칙과 곱의 법칙

364

책 소개

우리에게 '암호'라는 말은 아주 친숙한 반면에, '암호학'이라는 학문은 매우 생소합니다. 하지만 컴퓨터의 등장으로 암호 관련 지식은, 누군가 알면 되는 지식에서 누구나 알아야 하는 지식으로 바뀌고 있습니다. 일본만 해도 이미 세계대전 때 퍼플 암호라는 자국의 암호 체계를 갖춘 적이 있습니다. 나아가 국력은 그 나라가 보유한 암호(수학)지식의 수준에 달려 있다는 말의 의미를 이 《튜링이 들려주는 암호 이야기》를 통해 느낄 수 있을 것입니다.

이 책의 장점

배수와 약수, 집합, 경우의 수, 순열 등의 수학적 개념을 통해 우리에게 생소한 암호학의 기초적인 개념을 이해할 수 있게 했습니다.

각 차시별 소개되는 과학적 개념

1. 첫 번째 수업 _ 튜링 선생을 만나다

  • 암호란 비밀스럽게 간직해야 할 정보를 보호하기 위한 장치입니다. 일상 언어에서의 암호와 암호학에서의 암호는 은폐 방식(스테가노그래피)과 변형 방식(크립토그래피)을 쓰며, 암호라 하면 비밀통신 중에서도 특히 크립토그래피 즉, 메시지 변형 방식(메시지의 의미 감추기)과 관련된 것만을 뜻합니다.

2. 두 번째 수업 _ 스테가노그래피

- 메시지 감추기
  - 짙은 화장을 해도, 가발을 쓰고 변장을 해도 이것은 스테가노그래피입니다. 그렇지만 성형수술을 해서는 안 됩니다. 성형수술은 크립토그래피입니다.

3. 세 번째 수업 _ 크립토그래피 1 : 전위

- 메시지 글자들의 배열 순서를 바꾸는 전위('전치'나 '전자'라고도 함)
  - 화장을 지우고 가발을 벗어도 본래의 모습이 나타나지 않게 하려면 이목구비를 조금씩 바꾸는 성형수술도 하나의 방법입니다.

4. 네 번째 수업 _ 크립토그래피 2 : 대체/코드와 사이퍼

- **대체** : 평문의 단어나 구 혹은 문장을 바꾸는 대체와 평문의 철자 하나하나를 대치시키는 방식이 있습니다.
  - 코드 : 평문의 단어나 구 혹은 문장을 대체시키는 방식
  - 사이퍼 : 평문의 철자 하나하나를 대치시키는 방식
  - 대체를 성형수술로 비유한다면, 얼굴 전체를 한 번에 바꾸는 것이 코드, 부위별로 하나씩 바꾸는 것은 사이퍼라고 할 수 있습니다.

5. 다섯 번째 수업 _ 크립토그래피 3 : 대체/코드 보충

- 다른 사람의 얼굴을 본떠 이목구비를 바꾸는 성형수술 중에서도 통째로 갈아치우는 방식에 관한 보충 이야기입니다.

6. 여섯 번째 수업 _ 기계 암호, 에니그마
   - 전기적 메커니즘을 사이퍼로 만드는 제작 도구

7. 일곱 번째 수업 _ 기계 암호 둘러보기
   - 기계 암호를 풀기위한 필사의 노력은 첨단 기계인 컴퓨터의 개발로 이어지는 성과입니다.

8. 마지막 수업 _ 현대 암호 둘러보기
   - 현대 암호의 가장 중요한 특징은 수학을 기반으로 하는 컴퓨터 암호라는 것입니다.

이 책이 도움을 주는 관련 교과서 단원

튜링이 들려주는 암호 이야기와 관련되는 교과서에 등장하는 용어와 개념들입니다.

1. 초등학교 5학년 가 - 1. 배수와 약수
   - 이 단원의 목표는 배수와 약수가 무엇이며 어떤 변화인지를 알아보는 것입니다.

2. 초등학교 6학년 나 - 6. 경우의 수
   - 이 단원의 목표는 여러 가지 경우의 수를 구하고 확률의 뜻과 성질을 알아보는 것입니다.

3. 중학교 1학년 가 - 1. 집합

- 이 단원의 목표는 이진법이란 무엇이며 어디에 사용하는지 알아
  보는 것입니다.

4. 중학교 1학년 가 - 2. 정수와 유리수

- 이 단원의 목표는 정수와 유리수를 구분하는 법을 알아보는 것입
  니다.

내용 정리

- **유리수**

  - **양수**(+) : 0보다 큰 수

  - **음수**(−) : 0보다 작은 수

  - **유리수** : 분자, 분모(≠0)가 정수인 분수로 나타낼 수 있는 수

  - 유리수 { 정수 { 양의 정수(자연수) : 1, 2, 3⋯
                   영(0)
                   음의 정수 : −1, −2, −3⋯
           정수가 아닌 유리수

5. 고등학교 - 6. 순열

• 이 단원의 목표는 순열을 이해하는 것입니다.

• **경우의 수**

– **합의 법칙**

두 사건 A, B가 **동시에 일어나지 않을** 때, 사건 A, B가 일어날 경우의 수를 각각이라 m, n이라하면 A또는 B가 일어나는 경우의 수는 m+n가지입니다.

– **곱의 법칙**

두 사건 A가 B에 대하여 A가 m가지의 방법으로 일어나고, 그 각각에 대하여 B가 n가지의 방법으로 일어날 때, A, B가 잇달아 일어나는(동시에 일어나는) 경우의 수는 m×n가지입니다. (한 사건에 대하여 연속적으로 일어날 때)

'과학자들이 들려주는 과학 이야기' 100권 목록 및 교과 연계

수학 (16)	**5 가우스가 들려주는 수열이론 이야기** 초4-나 3. 소수의 덧셈과 뺄셈 중9-가 1. 실수와 그 계산(제곱근) 고(수Ⅰ) – 4. 수열	**6 파스칼이 들려주는 확률론 이야기** 초6-나 3. 소수의 나눗셈 　　　6. 경우의 수(확률, 경우의 수) 　　　7. 연비(배분) 중8-나 1. 확률(경우의 수, 상대도수, 확률계산) 고(수Ⅰ) – 6. 순열과 조합 　　　7. 확률 고(선택) 확률과 통계
	11 유클리드가 들려주는 기하학 이야기 초4-가 4. 삼각형 초4-나 4. 수직과 평행 　　　5. 사각형과 도형 만들기 초5-가 4. 직육면체 초5-나 3. 도형의 합동 초6-나 2. 입체도형(도형의 펼침 면) 　　　4. 원과 원기둥(겉넓이, 부피) 중7-나 2. 기본도형과 작도(기본도형, 작도, 합동) 　　　3. 도형의 성질(평면도형, 입체도형, 다면체, 회전체) 　　　4. 도형의 측정(입체도형의 측정, 구, 뿔, 겉넓이, 기둥) 중9-나 3. 원의 성질(원, 원주각, 원과 비례) 고(수Ⅱ) 2. 공간도형과 공간좌표(직선·평면 위치 관계)	**12 리만이 들려주는 4차원 기하학 이야기** 초4-가 4. 삼각형 초4-나 5. 사각형과 도형 만들기 초5-가 4. 직육면체 초6-나 2. 각기둥과 각뿔 　　　4. 쌓기나무 중7-나 2. 기본 도형과 작도(기본 도형, 작도, 합동) 　　　3. 도형의 성질(평면도형, 입체도형, 다면체, 회전체) 　　　4. 도형의 측정(입체도형의 측정, 구, 뿔, 겉넓이, 기둥) 중9-나 3. 원의 성질(원, 원주각, 원과 비례) 고(수Ⅱ) 2. 공간 도형과 공간 좌표(직선·평면 위치 관계)
	14 페르마가 들려주는 정수론 이야기 초5-가 1. 배수와 약수(음의 양수, 배수) 중7-가 2. 정수와 유리수 고10-가 2. 실수와 복소수(실수 연산, 대소 관계)	**18 디오판토스가 들려주는 방정식 이야기** 중7-가 3. 문자와 식(일차방정식과 그 활용) 중8-가 3. 연립 방정식 중9-가 3. 이차 방정식 고10-가 4. 방정식과 부등식(이차방정식, 여러 가지 방정식) 고10-나 1. 도형의 방정식(직선, 원, 도형의 이동) 고(수Ⅱ) 1. 방정식과 부등식
	22 데카르트가 들려주는 함수 이야기 중7-가 4. 규칙성과 함수(함수, 그래프, 그의 활용) 중8-가 5. 일차함수 중9-가 4. 이차함수 고10-나 3. 함수(이차함수와 활용 유리함수, 무리함수)	**29 칸토르가 들려주는 집합 이야기** 중7-가 1. 집합과 자연수 고10-가 1. 집합과 명제

물리 (27)	1	아인슈타인이 들려주는 상대성원리 이야기	3	파인만이 들려주는 불확정성 원리 이야기

1 아인슈타인이 들려주는 상대성원리 이야기

초5-1 4. 물체의 속력(움직이는 것, 움직이지 않
　　　는 것, 속력, 빠르기)
초5-2 8. 에너지(운동에너지)
중1 10. 힘(중력)
고1 2. 에너지(힘과 에너지)
고(물리 I) 1. 힘과 에너지(속도와 가속도, 운동
　　　　　　　의 법칙)
고(물리 II) 1. 운동과 에너지(속도)

3 파인만이 들려주는 불확정성 원리 이야기

초3-2 7. 섞여있는 알갱이의 분리
중3 3. 물질의 구성(원자, 전자)
고1 3. 물질(전해질과 이온)
고(물리 II) 3. 원자와 원자핵(전자, 원자핵)

4 호킹이 들려주는 빅뱅 우주 이야기

초4-1 8. 별자리를 찾아서
초5-2 7. 태양의 가족(태양계)
중2 3. 지구와 별(우주)
중3 7. 태양계의 운동(태양계)
고1 5. 지구(태양계와 은하)
고(지학 I) 3. 신비한 우주(천체, 우주)
고(지학 II) 4. 천체와 우주(우주의 팽창)

7 뉴턴이 들려주는 만유인력 이야기

초5-1 4. 물체의 속력(가속도)
중2 1. 여러 가지 운동(원운동, 속력, 힘)
고1 2. 에너지(힘과 에너지)
고(물리 I) 1. 힘과 에너지(속도와 가속도, 운동
　　　　　　　의 법칙)
고(물리 II) 1. 운동과 에너지(만유인력에 의한
　　　　　　　　운동)

8 갈릴레이가 들려주는 낙하이론 이야기

초5-1 4. 물체의 속력(속력과 속도)
중1 － 10. 힘(물체가 떨어지게 되는 것)
고(물리 I) 1. 힘과 에너지(속도와 가속도, 운동
　　　　　　　의 법칙)
고(물리 II) 1. 운동과 에너지(중력장 내의 운동,
　　　　　　　　낙하운동, 수평 방향으로 던진 물
　　　　　　　　체의 운동, 비스듬히 던진 물체의
　　　　　　　　운동)

13 맥스웰이 들려주는 전기자기 이야기

초3-1 2. 자석놀이(자석, 자기력선)
초4-1 1. 전구에 불 켜기(전기, 직렬병렬)
초5-2 6. 전기회로 꾸미기(전기회로, 전동기,
　　　　　전류)
초6-1 7. 전자석(자기장, 나침반)
중2 7. 전기(전하, 전류, 정전기)
중3 6. 전류의 작용(전기에너지, 전류, 자기장,
　　　　자석)
고1 2. 에너지(전기에너지)
고(물리 I) 2. 전기와 자기(전류와 전기저항, 전
　　　　　　　류의 자기작용)
고(물리 II) 2. 전기장과 자기장(전기장, 직류회로)

16 호이겐스가 들려주는 파동 이야기

초3-2 6. 소리내기(소리전달)
초5-1 1. 거울과 렌즈
중1 2. 빛
　　 12. 파동(소리의 높이와 세기, 파동의 반사
　　　　　와 굴절)
고1 2. 에너지(파동에너지)
고(물리 I) 3. 파동과 입자(파동의 발생과 진행,
　　　　　　　파동의 간섭과 회절)

17 퀴리부인이 들려주는 방사능 이야기

초3-2 2. 빛의 나아감(빛)
중1 12. 파동(파동)
중2 7. 전기(전하, 형광등)
고(물리 I) 3. 파동과 입자(파동)

19	레오나르도 다 빈치가 들려주는 양력 이야기	21	줄이 들려주는 일과 에너지 이야기
	초6-2 1. 물 속에서의 무게와 압력 중2 2. 물질의 특성(밀도) 고(화학Ⅰ) 1. 주변의 물질(공기)		초4-1 1. 수평잡기(힘점, 작용점, 받침점) 초5-2 8. 에너지(여러 가지 에너지의 종류 알기) 초6-2 6. 편리한 도구(지레의 원리, 도르래의 원리) 중3 2. 일과 에너지(일, 도구, 위치에너지, 운동 　　　　　에너지, 역학적 에너지, 도르래) 고1 2. 에너지(에너지 전환) 고(물리Ⅰ) -1. 힘과 에너지(일과 에너지, 일률, 　　　　　에너지)
26	치올코프스키가 들려주는 우주비행 이야기	21	오펜하이머가 들려주는 원자폭탄 이야기
	초3-2 3. 지구와 달(지구와 달의 모양) 초5-2 7. 태양의 가족 (태양의 관찰과 특징) 중2 - 3. 지구와 별(지구, 태양, 은하) 중3 - 7. 태양계의 운동 (달의 운동) 고1 - 5. 지구(지구의 변동) 고(물리Ⅱ) - 1. 운동과 에너지(인공위성에 의한 　　　　　운동)		초3-1 1 우리 주위의 물질 중3 3. 물질의 구성(원소) 　　　　5. 물질 변화의 규칙성(질량) 고(물리Ⅱ) 3. 원자와 원자핵(핵분열, 핵융합, 원 　　　　　자핵구성)
28	레일리가 들려주는 빛의 물리 이야기	38	페르미가 들려주는 핵 분열, 핵융합 이야기
	초3-2 2. 빛의 나아감(그림자) 초5-1 1. 거울과 렌즈(빛의 반사, 굴절, 분산, 오 　　　　　목렌즈와 볼록렌즈의 원리) 중1 2. 빛(빛의 반사, 굴절, 분산) 고(물리Ⅰ) 3. 파동과 입자(빛의 간섭, 빛의 회 　　　　　절, 빛의 파동성)		중3 3. 물질의 구성(원소) 　　　　5. 물질 변화의 규칙성(질량) 고(물리Ⅱ) 3. 원자와 원자핵(핵분열, 핵융합)
42	에딩턴이 들려주는 중력 이야기	43	뢰머가 들려주는 광속 이야기
	초5-1 4. 물체의 속력(가속도) 중1 10. 힘(중력, 힘) 중3 2. 일과 에너지(중력에 의한 위치에너지) 고(물리Ⅰ) 1. 힘과 에너지(운동의 법칙, 일과 에 　　　　　너지, 중력에 의한 위치에너지)		초3-2 2. 빛의 나아감(빛의 나아가는 모양) 초5-1. 4. 물체의 속력(속력) 중3 7. 태양계의 운동(달, 행성의 운동) 고(물리Ⅰ) 1. 힘과 에너지(속도, 속력) 고(지학Ⅰ) 3. 신비한 우주(태양계의 위성들, 이오) 고(지학Ⅰ) 4. 천체와 우주(별까지의 거리)

76	막스플랑크가 들려주는 양자론 이야기	79	슈뢰딩거가 들려주는 양자물리학 이야기
중3 - 3. 물질의 구성(원자, 전자) 고(물리Ⅰ) 3. 파동과 입자(파동의 전파) 고(물리Ⅱ) 3. 원자와 원자핵(전자, 원자핵)		중3 - 3. 물질의 구성(원자, 전자) 고(물리Ⅰ) - 3. 파동과 입자(파동의 전파) 고(물리Ⅱ) - 3. 원자와 원자핵(전자, 원자핵)	
90	슈바르츠실트가 들려주는 블랙홀 이야기		
초4-1 8. 별자리를 찾아서(별의 특징, 별자리) 중2 3. 지구와 별(별의 특징) 고(물리Ⅰ) 3. 파동과 입자(빛) 고(물리Ⅱ) 1. 운동과 에너지(중력장) 고(지학Ⅰ) 3. 신비한 우주(별, 천체, 태양) 고(지학Ⅱ) 4. 천체와 우주(별의 특성, 우주)			

	2	멘델이 들려주는 유전 이야기	9	왓슨이 들려주는 DNA 이야기
생물 (22)	초5-1 5. 꽃(꽃의 종류, 수분) 중3 8. 유전과 진화(멘델의 법칙, 사람의 유전) 고(생물Ⅰ) 8. 유전 고(생물Ⅱ) 3. 생명의 연속성(염색체와 유전자, DNA)		초4-1 1. 동물의 생김새(동물의 종류, 특징) 　　　 2. 동물의 암수(암수구분, 새끼와 어미 모습) 중3 8. 유전과 진화(유전의 기본원리, 사람의 유전) 고(생물Ⅰ) 8. 유전(유전자와 염색체, 염색체이상) 고(생물Ⅱ) 3. 생명의 연속성(DNA의 구조와 기능)	
	15	톰슨이 들려주는 줄기세포 이야기	30	혹이 들려주는 세포 이야기
	중1 6. 생물의 구성(세포) 중3 1. 생식과 발생(세포분열, 생물의 생식과 발생) 고(생물Ⅰ) 7. 생식(정자와 난자의 형성, 수정과 발생) 고(생물Ⅱ) 1. 세포의 특성(세포 구조와 기능) 　　　　　 3. 생명의 연속성(세포분열) 　　　　　 5. 생물학과 인간의 미래(생명공학, 생명윤리)		중1 - 6. 생물의 구성(세포) 고(생물Ⅱ) 1. 세포의 특성(세포의 기본 구조)	
	32	란트슈타이너가 들려주는 혈액형 이야기	35	월머트가 들려주는 복제 이야기
	중1 8. 소화와 순환 (순환, 혈액의 조성과 기능, 혈액의 순환, 심장의 생김새) 고(생물Ⅰ) 3. 순환(혈액형)		중1 6. 생물의 구성(생물체의 구성, 세포) 중3 1. 생식과 발생(세포분열, 생식과 발생) 고(생물Ⅰ) 7. 생식(생식, 수정) 　　　　　 8. 유전(유전자) 고(생물Ⅱ) 3. 생명의 연속성(염색체, 유전자) 　　　　　 5. 생물학과 인간의 미래(생명과학, 생명윤리)	
	36	다윈이 들려주는 진화론 이야기	40	엥겔만이 들려주는 광합성 이야기
	중3 8. 유전과 진화(생물의 진화) 고(생물Ⅱ) 3. 생명의 연속성(생물의 진화)		초5-1 7. 식물의 잎이 하는 일(양분을 얻는 방법) 중2 4. 식물의 구조와 기능(잎의 구조-광합성, 물과 양분이 이동하는 통로) 고(생물Ⅱ) 2. 물질대사(광합성)	

47	콘라트가 들려주는 야생 거위 이야기	49	플레밍이 들려주는 페니실린 이야기
초4-2 1. 동물의 생김새(동물의 종류, 특징, 생활) 초5-2 1. 환경과 생물(생물, 사람, 환경과의 관계) 초6-1 5. 주변의 생물(생물의 다양성) 초6-2 3. 쾌적한 환경(생물적 요소, 비생물적 요소) 고(생물Ⅰ) 9. 생명과학과 인간의 생활(생태계) 고(생물Ⅱ) 4. 생물의 다양성과 환경(환경, 군집)		초5-1 9. 작은 생물(작은 생물 관찰하기) 고(생물Ⅱ) 4. 생물의 다양성과 환경(바이러스, 균계)	
61	스탈링이 들려주는 호르몬 이야기	62	린네가 들려주는 분류 이야기

중1 8. 소화와 순환(혈액이 하는 일, 혈액의 순
         환)
중2 5. 자극과 반응(사람의 호르몬의 종류, 작용)
고1 4. 생명(자극과 반응)
고(생물Ⅰ) 4. 자극과 반응(호르몬, 항상성)
		초4-2 1. 동물의 생김새(동물의 종류)
		초5-1 5. 꽃(여러 가지 꽃 관찰, 특징)
		       9. 작은 생물(물속 생물, 땅속 생물)
		초6-1 5. 주변의 생물(동물 분류, 식물 분류)
		고(생물Ⅱ) 4. 생물의 다양성과 환경(분류 목적,
		            종의 개념)	

72	모건이 들려주는 초파리 이야기	74	파블로프가 들려주는 소화 이야기

초3-1 7. 초파리의 한 살이 (초파리의 특징)
중3 1. 생식과 발생(생식, 수정, 발생)
       8. 유전과 진화(유전, 형질)
고(생물Ⅰ) 8. 유전(유전자, 염색체)
고(생물Ⅱ) 3. 생명의 연속성(유전자, 형질발현)
		초6-1 3. 우리 몸의 생김새(순환기관, 심장, 혈
		       액순환 과정)
		중1 8. 소화와 순환(영양소와 소화, 소화와 흡
		       수, 영양소의 종류와 작용)
		고(생물Ⅰ) 2. 영양소와 소화	

77	파스퇴르가 들려주는 저온살균 이야기	74	퀴네가 들려주는 효소 이야기

초5-1 9. 작은 생물(작은 생물 관찰)
초5-2 1. 환경과 생물(온도, 빛, 물이 생물에 미
       치는 영향)
고1 4. 생명(물질대사)
고(생물Ⅰ) 4. 호흡(세포호흡)
고(생물Ⅱ) 2. 물질대사(세포호흡, 발효)
		초5-2 8. 에너지(에너지 종류, 활성화 에너지)
		중1 7. 상태변화와 에너지(상태변화, 에너지)
		       8. 소화와 순환(소화)
		고(생물Ⅱ) 1. 세포의 특성(효소의 특성, 종류)	

84	제너가 들려주는 면역 이야기	86	에이크만이 들려주는 영양소 이야기
초6-1 3. 우리 몸의 생김새(혈액순환) 중1 8. 소화와 순환(혈액의 순환, 혈액이 하는 일) 고(생물Ⅰ) 3. 순환(림프, 질병)		중1 8. 소화와 순환(영양소와 소화) 고(생물Ⅰ) 2. 영양소와 소화	
87	홉킨스가 들려주는 비타민 이야기	93	하비가 들려주는 혈액순환 이야기

초6-1 3. 우리 몸의 생김새(몸속기관의 특징)
중1 8. 소화와 순환(사람의 영양, 영양소)
고(생물Ⅰ) 2. 영양소와 소화(영양소 종류)
		초6-1 3. 우리 몸의 생김새(순환기관, 혈액순환
		       과정)
		중1 8. 소화와 순환 (순환, 혈액의 조성과 기능,
		       혈액의 순환, 심장의 생김새)
		고(생물Ⅰ) 3. 순환(혈액의 순환)	

94	반트호프가 들려주는 삼투압 이야기	98	멀더가 들려주는 단백질 이야기
	초3-2 4. 여러가지 가루녹이기(가루,소금,설탕녹이기) 초4-1 2. 용해와 용액 초5-1 2. 용해와 용액(용해 전후의 무게) 6. 용액의 진하기 초6-2 1. 물속에서의 물체의 무게와 압력(물의 압력이 작용하는 방향) 고(생물Ⅱ) 1. 세포의 특성(삼투압) 고(화학Ⅱ) 1. 물질의 상태와 용액(삼투현상)		초6-1 3. 우리 몸의 생김새(몸속 기관 특징, 기능) 중1 8. 소화와 순환(음식물의 소화, 영양소 흡수) 중3 3. 물질의 구성(물질 나타내는 방법, 분자 구조) 고(생물Ⅰ) 2. 영양소와 소화(영양소 종류, 기능)

10	돌턴이 들려주는 원자 이야기	20	아르키메데스가 들려주는 부력 이야기
	중1 5. 분자의 운동 7. 상태변화와 에너지 중3 3. 물질의 구성 고(화학Ⅱ) 1. 물질의 상태와 용액(원자질량, 몰, 확산) 2. 물질의 구조(원자구조, 주기율)		초6-1 1. 기체의 성질(공기의 무게와 압력, 부피와의 관계) 초6-2 1. 물속에서의 무게와 압력(물속에서 물체의 무게가 가벼워지는 정도와 요인) 중1 10. 힘(중력) 중2 2. 물질의 특성(밀도, 부피와 질량) 13. 혼합물의 분리(밀도) 고(화학Ⅱ) 1. 물질의 상태와 용액(고체, 액체, 기체)

33	보어가 들려주는 원자모형 이야기	39	루이스가 들려주는 산염기 이야기
	중3 3. 물질의 구성(물질의 이루는 입자) 고(화학Ⅱ) 2. 물질의 구조(원자모형, 전자배치)		초5-2 2. 용액의 성질(지시약, 리트머스 분류) 5. 용액의 반응(산성, 중성, 염기성) 고1 3. 물질(산과 염기의 반응) 고(화학Ⅰ) 1. 주변의 물질(산, 염기의 중화반응) 고(화학Ⅱ) 3. 화학반응(산과 염기의 반응)

41	폴링이 들려주는 화학결합 이야기	52	보일이 들려주는 기체 이야기
	중1 5. 분자의 운동(분자의 운동) 7. 상태변화와 에너지(상태변화, 분자 운동) 고(화학Ⅰ) 1. 주변의 물질(물의 성질) 고(화학Ⅱ) 2. 물질의 구조(화학결합, 극성)		초3-1 3. 소중한 공기 초6-1 1. 기체의 성질 6. 여러 가지 기체 중1 5. 분자의 운동(분자의 움직임, 기체압력, 부피, 온도) 중3 3. 물질의 구성(원자, 분자) 고(화학Ⅰ) 1. 주변의 물질(공기, 기체의 성질)

55	멘델레예프가 들려주는 주기율표 이야기	60	아레니우스가 들려주는 반응속도 이야기
	중1 4. 물질의 세 가지 상태(상태에 따른 구성입자의 배열) 5. 분자의 운동 7. 상태변화와 에너지(상태변화 과정과 분자 운동) 중3 3. 물질의 구성(분자, 원자, 원소) 고(화학Ⅰ) 1. 주변의 물질(주기율표) 고(화학Ⅱ) 2. 물질의 구조(원자 구조, 주기율)		초4-2 5. 열에 의한 물체의 부피변화 중1 5. 분자의 운동(온도에 따른 기체변화) 7. 상태변화와 에너지(열에너지) 중3 5. 물질 변화의 규칙성(화학반응) 고1 3. 물질(반응속도) 고(화학Ⅱ) 3. 화학반응(물질변화와 에너지, 반응속도와 화학평형)

화학(13)

71	볼타가 들려주는 화학전지 이야기	81	라부와지에가 들려주는 물질변화 규칙 이야기
	초4-1 3. 전구에 불 켜기(전기 통하는 물체, 전 지연결) 초5-2 6. 전기회로 꾸미기(전기회로) 초6-1 7. 전자석(전류) 중2 7. 전기(전류, 전하) 중3 6. 전류의 작용(전류) 고(화학II) 3. 화학반응(화학전지, 볼타전지)		초3-1 1. 우리 주위의 물질(물질의 성질) 초6-1 6. 여러 가지 기체(성질과 이용) 초6-2 5. 연소와 소화(연소와 소화) 중1 4. 물질의 세 가지 성질(여러 종류의 상태 변화) 중3 3. 물질의 구성(물질의 성분과 표현) 5. 물질 변화의 규칙성(화학변화, 질량비) 고(화학II) 1. 물질의 상태와 용액(기체, 액체, 고체)
82	켈빈이 들려주는 온도 이야기	88	게이뤼삭이 들려주는 물 이야기
	초4-2 5. 열에 의한 물체의 부피변화 8. 열의 이동과 우리생활 초5-1 3. 기온과 바람 중1 4. 물질의 세 가지 상태(상태변화) 7. 상태변화와 에너지(상태변화와 열과 온도) 고(화학II) 3. 화학반응(열)		초4-1 1. 용해와 용액(액체성질, 용해) 7. 강과 바다 (강과 바다의 특징) 초4-2 7. 모습을 바꾸는 물(온도에 따른 상태변화) 초5-1 8. 물의 여행(물의 순환, 증발, 습도) 중1 4. 물질의 세가지 상태(기화,액화,융해,응고, 승화) 11. 해수의 성분과 운동(해수의 운동, 지형 변화) 중3 4. 물의 순환과 날씨 변화 (물의 순환, 수증 기, 구름, 비) 고(화학 I) 1. 주변의 물질(물의 성질)
95	가모브가 들려주는 원소의 기원 이야기		
	중3 3. 물질의 구성(원소, 물질의 입자) 고(화학II) 2. 물질의 구조(원자 구조와 주기율)		

	23	스콧이 들려주는 남극 이야기	24	토리첼리가 들려주는 대기압 이야기
지구 과학 (21)		초3-1 5. 날씨와 우리생활(기온, 날씨, 생활) 초4-2 1. 동물의 생김새(동물의 특징, 생활 방식) 4. 화석을 찾아서(화석의 이용가치, 화석발견) 초5-2 1. 환경과 생물 (온도, 빛, 환경, 생물 사이 관계) 중2 6. 지구의 역사와 지각변동(화석, 지층에 남 긴 기록) 고(지학 I) 1. 하나뿐인 지구 (지구환경)		중1 1. 지구의 구조(대기권의 구조, 특징) 고(지학II) 1. 대기의 운동과 순환(대기의 안정 도, 대기 운동, 순환)
	25	콜럼버스가 들려주는 바다 이야기	34	베게너가 들려주는 대륙이동 이야기
		초3-1 2. 자석놀이 (자석, 자기력선) 6. 물에 사는 생물(환경, 생물) 초4-1 7. 강과 바다(바다의 특징, 바다 밑 모양) 초5-1 9. 작은 생물(물속 생물) 초6-1 7. 전자석(자기장, 나침반) 중1 11. 해수의 성분과 운동 중3 6. 전류의 작용(자기장, 자석) 고(지학 I) 3. 해양의 변화(해수, 해류, 해저)		중2 6. 지구의 역사와 지각 변동 고(지학 I) 2. 살아 있는 지구(지각변동, 판 운동, 해양의 변화) 고(지학II) 1. 지구의 물질과 지각변동(지각 변 동, 판구 조론)

37	코리올리가 들려주는 대기현상 이야기	45	코페르니쿠스가 들려주는 지동설 이야기
초3-1	3. 소중한 공기(공기의 이용, 특징)	초4-1	8. 별자리를 찾아서
	5. 날씨와 우리 생활(기온변화, 날씨)	초5-2	7. 태양의 가족(태양에서 행성까지의 거
초5-1	3. 기온과 바람(기온변화, 바람 부는 이유)		리 비교)
	8. 물의 여행(이슬, 안개, 구름, 비)	중2	3. 지구와 별 (지구의 모양과 크기)
초6-2	2. 일기예보(날씨)	중3	7. 태양계의 운동(일주 운동, 일식, 월식,
	4. 계절의 변화 (낮밤 기온 변화)		행성의 운동)
중1	1. 지구의 구조(대기권의 구조)	고1	5. 지구(지구의 변동)
중3	4. 물의 순환과 날씨 변화(대기, 바람, 일기)	고(지학Ⅰ)	1. 지구의 탐구(천동설, 지동설)
고1	5. 지구(대기와 해양)	고(지학Ⅱ)	4. 천체와 우주(행성의 운동)
고(지학Ⅰ)	2. 살아있는 지구 (대기 중의 물)		
고(지학Ⅱ)	2. 대기의 운동과 순환 (대기 안정도,		
	대기 운동, 대기 순환)		

48	윌슨이 들려주는 판구조론 이야기	51	에라토스테네스가 들려주는 지구 이야기
		초3-2	3. 지구와 달(지구 모양)
		초4-2	4. 화석을 찾아서 (화석발견, 이용가치)
초4-2	3. 지층을 찾아서	초5-2	1. 환경과 생물(환경과 생물 관계)
초5-2	4. 화산과 암석(화산활동)		7. 태양의 가족(지구)
초6-1	2. 지진(지층의 휘어짐과 어긋남)	초6-1	2. 지진(지진발생)
중1	1. 지구의 구조 (지구의 내부)	중1	1. 지구의 구조(지구 내부, 자외선)
	3. 지각의 물질(지표의 변화)	중2	6. 지구역사와 지각변동(화석, 판구조론)
중2	6. 지구의 역사와 지각변동(움직이는 대륙)	중3	7. 태양계의 운동(지구의 운동)
고(지학Ⅰ)	1. 살아 있는 지구(지각변동, 지진대)	고1	5. 지구(지구와 변동)
고(지학Ⅱ)	1. 지구물질과 지각변동(대륙이동설,	고(지학Ⅰ)	2. 살아있는 지구(지각변동)
	판구조론)	고(지학Ⅱ)	1. 지구의 물질과 지각변동(지구내부,
			지각)

53	암스트롱이 들려주는 달 이야기	54	칼 세이건이 들려주는 태양계 이야기
		초3-2	3. 지구와 달
		초5-2	7. 태양의 가족
초3-2	3. 지구와 달(달의 표면 관찰)	중2	3. 지구와 별(지구, 태양, 행성, 은하)
초5-2	7. 태양의 가족		7. 태양계의 운동
중3	7. 태양계의 운동(달의 운동)	중3	7. 태양계의 운동
고1	5. 지구(지구의 변동)	고1	5. 지구(태양계와 은하)
고(지학Ⅰ)	3. 신비한 우주(달의 모습)	고(지학Ⅰ)	3. 신비한 우주(천체관측, 태양계탐사)
		고(지학Ⅱ)	4. 천체와 우주(행성의 운동, 별의 특
			성, 우주팽창)

56	찬드라 세카르가 들려주는 별 이야기	58	허셜이 들려주는 은하 이야기
	초4-1 8. 별자리를 찾아서(별의 특징, 별의 움직임) 중2 3. 지구와 별(별의 밝기) 중3 7. 태양계의 운동(계절 별자리) 고1 5. 지구(태양계와 은하) 고(지학Ⅰ) 3. 신비한 우주(별의 거리, 밝기) 고(지학Ⅱ) 4. 천체와 우주(별의 특성)		초4-1 8. 별자리를 찾아서(별의 특징, 움직임) 초5-2 7. 태양의 가족(행성의 특징, 태양) 중2 3. 지구와 별(우리은하, 태양, 행성) 중3 7. 태양계의 운동(행성운동) 고(지학Ⅰ) 3. 신비한 우주(천체, 우주) 고(지학Ⅱ) 4. 천체와 우주(행성, 별, 우주)
59	허블이 들려주는 우주팽창 이야기	65	메톤이 들려주는 달력 이야기
	초5-2 7. 태양의 가족(태양계) 중2 3. 지구와 별(우리은하, 태양, 행성) 중3 7. 태양계의 운동(태양계) 고(지학Ⅰ) 3. 신비한 우주(천체, 우주) 고(지학Ⅱ) 4. 천체와 우주(행성, 별, 우주)		초3-2 3. 지구와 달 초6-2 4. 계절의 변화(계절변화의 원인) 중3 7. 태양계의 운동(지구의 운동) 고(지학Ⅱ) 4. 천체와 우주(지구의 공전, 자전)
66	로슈가 들려주는 조석 이야기	80	빈이 들려주는 기후 이야기
	초3-2 3. 지구와 달 (달의 모양, 위치변화) 초4-1 7. 강과 바다 (바다의 특징) 초5-2 7. 태양의 가족(행성의 특징) 중1 11. 해수의 성분과 운동(해수의 운동, 밀물, 썰물) 중3 7. 태양계의 운동(지구의 운동, 태양의 운동, 일식, 월식) 고1 5. 지구(대기와 해양) 고(지학Ⅱ) 3. 해류와 해수의 순환(해파와 조석)		초3-1 5. 날씨와 우리생활 초5-1 3. 기온과 바람 　　　 8. 물의 여행 초6-2 2. 일기예보 　　　 4. 계절의 변화 중3 4. 물의 순환과 일기변화(기단, 기압, 순환하는 물, 구름 비) 고(지학Ⅰ) 2. 살아있는 지구(일기의 변화, 대기, 비, 구름, 기단전선, 태풍) 고(지학Ⅱ) 1. 대기의 운동과 순환(대기의 안정도, 대기운동, 순환)
89	가모브가 들려주는 우주론 이야기	91	핼리가 들려주는 이웃천체 이야기
	초3-2 3. 태양의 가족(태양계) 중2 3. 지구와 별(우주) 중3 7. 태양계의 운동(태양계) 고1 5. 지구(태양계와 은하) 고(지학Ⅰ) 3. 신비한 우주(천체관측, 우주)		초3-2 3. 지구와 달(지구모양, 달의 모양) 초5-2 1. 환경과 생물(생물과 환경 관계) 　　　 7. 태양의 가족 (행성 특징, 비교) 중2 3. 지구와 별(지구, 태양, 행성, 별) 중3 7. 태양계의 운동(지구운동, 달 운동, 행성운동, 공전궤도) 고1 5. 지구(태양계와 은하) 고(지학Ⅰ) 3. 신비한 우주(천체의 관측, 태양계) 고(지학Ⅱ) 4. 천체와 우주(행성, 별, 우주)

92	리히터가 들려주는 지진 이야기	96	길버트가 들려주는 지구자기 이야기
	초6-1 2. 지진 중1 1. 지구의 구조(지구내부의 구조) 중2 6. 지구의 역사와 지각변동 고(지학Ⅱ) 1. 지구의 물질과 지각변동(지각과 지 구 내부)		초3-1 2. 자석놀이(자석성질, 자기력선) 초4-1 3. 전구에 불 켜기(전기, 전하) 초5-2 6. 전기회로 꾸미기(전기, 전류) 초6-1 7. 전자석(전류, 자기장) 중2 6. 지구의 역사와 지각변동(대륙의 이동) 중3 6. 전류의 작용(자기장, 전기, 전류) 고(물리Ⅰ) 2. 전기와 자기(자기장, 자기력) 고(물리Ⅱ) 2. 전기장과 자기장
97	**라이엘이 들려주는 지질조사 이야기**		
	초4-2 4. 화석을 찾아서(화석 모양, 이용가치) 초5-2 4. 화산과 암석(화산활동, 암석관찰) 중1 3. 지각의 물질 (지각구성 물질, 암석 특징, 생성과 지표 변화) 중2 6. 지구의 역사와 지각변동(지각변동, 지질 시대) 고(지학Ⅰ) 1. 하나뿐인 지구(지구환경, 지질시대) 2. 살아있는 지구(지각변동) 고(지학Ⅱ) - 1. 지구의 물질과 지각변동(지각과 지각변동, 광물, 암석) 5. 지질조사와 우리나라의 지질(지질 시대, 지질도)		
과학 철학 (1)	**100** **러셀이 들려주는 패러독스 이야기** 중7-가(수학) 1. 집합 고10-가(수학) 1. 집합과 명제 중3(과학) 3. 물질의 구성(원자, 전자) 고(물리Ⅱ) 3. 원자와 원자핵(전자, 원자핵)		

분야	도서명	교과 연계
물리	클라우지우스가 들려주는 엔트로피 이야기	초3-1, 초4-28, 초1, 초3 2, 고(물리I), 1, 고(물리II) 1, 고(물리II) 3
	베르데이가 들려주는 전자석과 전동기 이야기	초3-1, 초4-13, 초5-2 6, 초6-1 7, 중2 7, 중3 6, 고 1 2, 고(물리I) 2
	맥스웰그가 들려주는 양자론 이야기	초3 3, 고(물리I) 3, 고(물리II) 3
	슈뢰딩거가 들려주는 양자론역학 이야기	초3 3, 고(물리I) 3, 고(물리II) 3
	수포르춤실트가 들려주는 블랙홀 이야기	초4-18, 중2 3, 고(물리II) 1, 고(물리II) 3, 고(물리II) 4
	쇼클이 들려주는 남극 이야기	초3-15, 초4-21·4, 초5-21, 중2 6, 고(물리II) 1
	드리첼러가 들려주는 대기압 이야기	중1, 초4-17, 고(물리II) 1
	콜럼버스가 들려주는 바다 이야기	중2 6, 고(지구과학II) 1
	베케네가 들려주는 대류이동 이야기	중2 6, 고(지구과학I) 2, 고(지구과학II) 1
	크라우리가 들려주는 대기현상 이야기	초3-13·5, 초5-13·8, 초6-22·4, 중1, 중3 4, 고 1 5, 고(지구과학II) 2,
	크페르나가누스가 들려주는 지문성 이야기	고(지구과학II) 2
	왑손이 들려주는 판구조론 이야기	초4-23, 초5-24, 초6-1 2, 중1·3, 중2 6, 고(지구과학I) 1, 고(지구과학II) 1
	에라토스테네스가 들려주는 지구 이야기	고(지구과학II) 1
지구	앙스트롱이 들려주는 달 이야기	초3-23, 초5-27, 중3 7, 고(지구과학 I) 3
	갈 세이건이 들려주는 태양계 이야기	초3-23, 초5-27, 중3 7, 고 1 5, 고(지구과학 I) 3
	찬드라 세카르가 들려주는 별 이야기	초4-18, 중2 3, 중3 7, 고(지구과학 I) 3, 고(지구과학II) 4
	허셜이 들려주는 은하 이야기	초4-18, 초5-27, 중2 3, 중3 7, 고(지구과학I) 3, 고(지구과학II) 4
	허블이 들려주는 우주 팽창 이야기	초5-27, 중2 3, 중3 7, 고(지구과학I) 3, 고(지구과학II) 4
	메톤이 들려주는 달력 이야기	초5-27, 초6-24, 중3 7, 고(지구과학II) 4
	로슈가 들려주는 조석 이야기	초4-17, 초5-27, 중1 11, 중3 7, 고 1 5, 고(지구과학II) 3
	빈이 들려주는 우주론 이야기	초3-15, 초5-13·8, 초6-22·4, 중3 4, 고(지구과학I) 2, 고(지구과학II) 3
	기모브가 들려주는 우주론 이야기	초3-27, 중2 3, 중3 7, 고 1 5, 고(지구과학I) 2, 고(지구과학II) 1
과학	헐리기가 들려주는 이웃천체 이야기	초2-23, 초5-21·7, 중2 3, 중3 7, 고 1 5, 고(지구과학I) 3, 고(지구과학II) 4
	리히터가 들려주는 지진 이야기	초6-12, 중1, 중2 6, 고(지구과학II) 1

《과학자들이 들려주는 과학 이야기》 교과 연계표

분야	도서명	교과 연계
물리	아인슈타인이 들려주는 상대성원리 이야기	초5-14, 초5-28, 중1 10, 고1 2, 과(물리I) 1, 과(물리II) 1
	파인만이 들려주는 불확정성원리 이야기	초3-27, 중3 3, 고1 3, 과(물리II) 3
	훅이 들려주는 우주 빛깔 이야기	초4-18, 초5-27, 중2 3, 중3 7, 고1 5, 과(지구과학I) 3, 과(지구과학II) 4
	뉴턴이 들려주는 만유인력 이야기	초5-14, 중2 1, 고1 2, 과(물리I) 1, 과(물리II) 1
	길버트가 들려주는 나침반 이야기	초5-14, 중1 10, 과(물리I) 1
	맥스웰이 들려주는 전자기학 이야기	초3-12, 초4-13, 초5-26, 중6-17, 중2 7, 중3 6, 고1 2, 과(물리II) 2
	홍이겐스가 들려주는 파동 이야기	초3-26, 초5-11, 초1 2·12, 고1 2, 과(물리I) 3
	퀴리부인이 들려주는 방사능 이야기	초3-22, 중1 12, 중2 7, 고1 2, 과(물리I) 3
	레오나르도 다 빈치가 들려주는 양력 이야기	초6-21, 중2 2, 과(물리I) 1
	줄이 들려주는 일과 에너지 이야기	초4-11, 초5-28, 초6-26, 중3 2, 고1 2, 과(물리I) 1
	치올코프스키가 들려주는 우주비행 이야기	초3-23, 초5-27, 중2 3, 중3 7, 고1 5, 과(물리II) 1
	오펜하이머가 들려주는 원자폭탄 이야기	초3-11, 중3 3·5, 과(물리II) 3
	레일리가 들려주는 빛의 물리 이야기	초3-22, 초5-11, 중1 2, 과(물리II) 3
	페르미가 들려주는 핵분열, 핵융합 이야기	중3 3·5, 과(물리II) 3
	에디슨이 들려주는 중력 이야기	초5-14, 중1 10, 중3 2, 과(물리I) 1
	도플러가 들려주는 광속 이야기	초5-14, 중3 7, 과(물리II) 1, 과(지구과학II) 4
	볼츠만이 들려주는 열역학 이야기	초3-14, 초5-14, 중3 1, 과(물리I) 1, 과(지구과학II) 1
	러더퍼드가 들려주는 천체물리학 이야기	초4-18, 초5-14, 초5-2 7·8, 중1 10, 중2 1·3, 중3 7, 과(물리II) 1, 과(지구과학I) 3, 과(지구과학II) 4
	라그랑주가 들려주는 운동방정식 이야기	초5-14, 초6-26, 중2 1, 고1 2, 과(물리I) 1
	마이컬슨이 들려주는 프리즘 이야기	초3-22, 초5-11, 중1 2·12, 고1 5, 과(물리II) 3
	기가인이 들려주는 무중력 이야기	초5-14, 중2 1, 고1 2, 과(물리I) 1
	길버트가 들려주는 자석 이야기	초3-12, 초6-17, 중3 6, 과(물리I) 2, 과(물리II) 3

분야	도서명	교과 연계
물리	아인슈타인이 들려주는 힘과 에너지 이야기	중 8, 고(생물 I) 3
	알마티가 들려주는 부채 이야기	중 16, 중 3 1, 고(생물 I) 7·8, 고(생물 II) 3·5
	다윈이 들려주는 진화론 이야기	중 3 8, 고(생물 II) 3
	에겔만이 들려주는 광합성 이야기	중 5-1 7, 중 2 4, 고(생물 II) 2
	코라나가 들려주는 야생거리 이야기	초 3-4 2-1, 초 5-2 1, 초 6-1 5, 초 6-2 3, 고(생물 I) 9, 고(생물 II) 4
	플레잉이 들려주는 페니실린 이야기	초 5-1 9, 고(생물 II) 4
	스팔인이 들려주는 호르몬 이야기	중 1 8, 중 2 5, 고 4, 고(생물 I) 4
생물	린네가 들려주는 분류 이야기	초 8, 중 2 5, 고 1 4, 고(생물 I) 4
	모건이 들려주는 초파리 이야기	초 4-2 1, 중 5-1 5·9, 초 6-1 5, 고(생물 II) 4
	파블로프가 들려주는 소화 이야기	초 3-1 8, 중 5 1·8, 고(생물 I) 8, 고(생물 II) 3
	피스티로가 들려주는 자율신경 이야기	초 6-1 3, 중 8, 고(생물 I) 2
	커네가 들려주는 효소 이야기	초 5-1 9, 중 5-2 1, 고 4, 고(생물 I) 4, 고(생물 II) 2
	제너가 들려주는 면역 이야기	초 5-2 8, 중 6 7·8, 고(생물 II) 1
	에어크먼이 들려주는 영양소 이야기	중 8, 중 8, 고(생물 II) 3
	홍킨스가 들려주는 비타민 이야기	초 6-1 3, 중 8, 고(생물 I) 2
	하비가 들려주는 혈액순환 이야기	초 6-1 3, 중 8, 고(생물 I) 3
	반 홍포가 들려주는 삼투압 이야기	초 3-2 4, 초 4-1 2, 초 5-1 2·6, 초 6-2 1, 고(생물 I) 1, 고(생물 II) 1
	멘다가 들려주는 단백질 이야기	초 6-1 3, 중 8, 중 3 3, 고(생물 II) 2
화학	돌턴이 들려주는 원자 이야기	초 15·7, 중 3 3, 고(화학II) 1·2
	아르키메데스가 들려주는 부력 이야기	초 6-1, 초 6-2 1, 중 10, 중 2 2·13, 고(화학II) 1
	보어가 들려주는 원자모형 이야기	중 3 3, 고(화학II) 2
	큐리소가 들려주는 신원소 이야기	초 5-2 5, 고 13, 고(화학II) 3
	폴링이 들려주는 화학결합 이야기	초 15·7, 고 1, 고(화학II) 2
	보일이 들려주는 기체 이야기	초 3-1 3, 초 6-1 6, 중 5 3, 고(화학II) 1
	멘델레예프가 들려주는 주기율표 이야기	초 14·5·7, 중 3 3, 고(화학II) 2
	아레니우스가 들려주는 반응속도 이야기	초 4-2 5, 중 5·7, 중 3 3, 고 13, 고(화학II) 3

분야	도서명	교과 연계
지구	길버트가 들려주는 지구자기 이야기	초3-1 2, 초4-1 3, 초5-2 6, 초6-1 7, 초2 6, 초3 6, 고(물리 I) 2, 고(물리II) 2
지구	라이엘이 들려주는 지질조사 이야기	초4-2 4, 초5-2 4, 중1 2, 초2 6, 고(지구과학 I) 1 · 2, 고(지구과학II) 1 · 5
과학/철학	러셀이 들려주는 패러독스 이야기	중7-가(수학) 1, 고10-가(수학) 1, 중3(과학) 3, 고(물리II) 3
수학	가우스가 들려주는 수열이론 이야기	초4-나 3, 중9-가 1, 고(수학 I) 4
수학	파스칼이 들려주는 확률론 이야기	초6-나 3 · 6 · 7, 중8-나1, 고(수학 I) 6 · 7, 고(선택확률과 통계)
수학	유클리드가 들려주는 기하학 이야기	초4-가 4 · 5, 초5-가 4, 고(수학 I) 6, 고(물리II) 2
수학	리만이 들려주는 4차원 기하학 이야기	초4-가 4 · 5, 초5-가 4, 초6-가 2 · 4, 중7-나 2 · 3 · 4, 중9-나 3, 고(수학II) 2
수학	베르마가 들려주는 정수 이야기	초5-가 1, 중7-가 2, 고10-가 2
수학	디오판토스가 들려주는 방정식 이야기	초7-가 3, 중8-가 3, 중9-가 2, 고10-가 2
수학	데카르트가 들려주는 함수 이야기	초7-가 4, 초8-가 5, 중9-가 4, 고10-나 3
수학	칸토르가 들려주는 집합 이야기	초7-가 1, 고10-가 1
수학	코시가 들려주는 부등식 이야기	중8-가 4, 고10-나 2, 고(수학II) 1
수학	피타고라스가 들려주는 삼각형 이야기	초4-가 4 · 5, 초5-가 2 · 4, 중8-나 4 · 2 · 4
수학	튜링이 들려주는 암호 이야기	초5-가 1, 초6-나 6, 중7-가 1 · 2, 고(수학 I) 6
수학	피셔가 들려주는 통계 이야기	초5-나 6, 초7-나 1, 고10-가 1 · 2, 고(수학 I) 6
수학	오일러가 들려주는 파이 이야기	초5-나 4, 초7-나 1, 중9-나 4, 고10-나 4
수학	오일러가 들려주는 수의 역사 이야기	초4-가 7, 초4-나 1 · 2, 중7-가 2, 중9-가 1, 고(수학 I) 2 · 3
수학	스테빈이 들려주는 보수와 소수 이야기	초3-가 7, 초4-나 1 · 2, 초5-가 5 · 7, 초5-나 1 · 2 · 4, 초6-가 1, 초6-나 1 · 3 · 5,
수학	탈레스가 들려주는 평면도형 이야기	초3-가 2, 초8-가1
생물	멘델이 들려주는 유전 이야기	초4-나 5, 초5-가 16, 초5-나 3 · 5, 초7-가 2 · 3 · 4, 중8-나 4, 중9-나 2 · 3
생물	왓슨이 들려주는 DNA 이야기	초5-1 5, 중3 8, 고(생물 I) 8, 고(물리II) 3
생물	동순이 들려주는 종가세포 이야기	초4-1 · 2, 중3 8, 고(생물 I) 8, 고(생물II) 1 · 3 · 5
생물	훅이 들려주는 세포 이야기	중1 6, 중3 1, 고(생물 I) 7, 고(생물II) 1 · 3 · 5
		중1 6, 고(생물II) 1

분야	도서명	교과 연계
화학	볼타가 들려주는 화학전지 이야기	초4-1 3, 초5-2 6, 초6-1 7, 중2 7, 중3 6, 고(화학II) 3
	라부아지에가 들려주는 물질변화의 규칙이야기	초3-1. 초6-1 6, 초6-2 5, 중1 4, 중3 3 · 5, 고(화학II) 1
	캘빈이 들려주는 온도 이야기	초4-2 5 · 8, 초5-1 3, 중1 4 · 7, 고(화학II) 3
	게이뤼삭이 들려주는 물 이야기	초4-1 2 · 7, 초4-2 7, 초5-1 8, 중1 4 · 11, 중3 4, 고(화학I) 1
	가모브가 들려주는 원소의 기원 이야기	중3 3, 고(화학II) 2